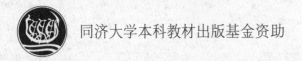

同济大学本科教材出版基金资助

复合材料结构CAE实践指导书

袁国青 编著

同济大学 出版社
TONGJI UNIVERSITY PRESS

内 容 提 要

本书是配合同济大学出版社出版的《复合材料结构 CAE 教程》使用的、方便学生课内外进行复合材料结构 CAE 实践的教学指导书。内容上分为两篇,第一篇为基础篇,主要是帮助学生掌握大型工程计算软件的基本功能和使用方法,包括界面操作、实体建模、结构静力分析、稳定问题分析、结构动力学分析、结构非线性屈曲分析等;第二篇为复合材料结构分析篇,涉及静强度、特征值屈曲、机械连接、胶接等问题的分析,便于学生在学习《复合材料结构 CAE 教程》所列算例的基础上进行再练习,以巩固对相关问题分析的能力。本书以简单的算例为引子,以增强学生掌握有限元软件的信心、消除心中可能的畏惧,激起他们的学习兴趣。

本书可供初涉复合材料结构有限元分析的本科生、研究生和其他工程技术人员阅读参考。

图书在版编目(CIP)数据

复合材料结构 CAE 实践指导书 / 袁国青编著. -- 上海:同济大学出版社,2022.3
ISBN 978-7-5608-9444-7

Ⅰ.①复… Ⅱ.①袁… Ⅲ.①复合材料结构—有限元分析—应用软件—教学参考资料 Ⅳ.①TB33-39

中国版本图书馆 CIP 数据核字(2020)第 156261 号

复合材料结构 CAE 实践指导书

袁国青 编著

责任编辑 吴凤萍	**助理编辑** 夏涵容	**责任校对** 徐春莲	**封面设计** 陈益平

出版发行	同济大学出版社	www.tongjipress.com.cn
	(地址:上海市四平路 1239 号 邮编:200092 电话:021-65985622)	
经 销	全国各地新华书店	
制 作	南京月叶图文制作有限公司	
印 刷	常熟市华顺印刷有限公司	
开 本	787 mm×1092 mm 1/16	
印 张	9	
字 数	225 000	
版 次	2022 年 3 月第 1 版 2022 年 3 月第 1 次印刷	
书 号	ISBN 978-7-5608-9444-7	

定 价	48.00 元

前　　言

　　复合材料结构 CAE 软件内容丰富、功能强大,要使之有力地支撑我国未来复合材料事业的创新发展,就必须重视对有关知识的传授和技能的训练。

　　虽然在已出版的《复合材料结构 CAE 教程》中编进了若干便于学生使用大型结构有限元分析软件进行实际结构性能分析的算例,但要从一个先期连有限元都未接触过的新人,成长为一个能掌握一般复合材料结构应力应变状态分析、刚度分析、基于复合材料失效准则开展首层失效强度分析、稳定分析、振动特性分析等能力的人,从而成长为一个具备复合材料结构设计基本素质的预备工程师,在有限的教学时限内注意引导学生开展课上课下的实践训练,培养他们的兴趣和信心是十分必要的。

　　本书的编写旨在指导学习复合材料结构 CAE 课程的同学在使用《复合材料结构 CAE 教程》进行学习的同时更好地开展课内外的实践训练。全书分基础篇和复合材料结构分析篇。基础篇不涉及复合材料结构,主要是想通过对一些相对简单的结构问题的有限元分析建立学生对有限元分析的兴趣和信心,培养他们应用通用有限元软件分析结构问题的能力,掌握软件界面操作、实体建模、结构静力分析、稳定问题分析、结构动力学分析、结构非线性屈曲分析方法等。复合材料结构分析篇立足于基础篇,主要是让学生掌握复合材料结构有限元建模、静强度、特征值屈曲、层间应力、机械连接、胶接、热-力耦合等问题的分析方法,而未涉及极限载荷、损伤过程、冲击行为、断裂与疲劳、固化变形等复杂结构力学行为分析及设计优化的内容。

　　全书共编写了 9 个实验项目,每个实验项目后还编写了数量不一的作业,考虑到在《复合材料结构 CAE 教程》中已有若干适合学生进行实践训练的算例,建议在教学安排上可以做适当的取舍,尤其是在课内学时的分配上应处理好理论讲授与实践训练的关系。鼓励学生课外自主进行实践训练,包括在复合材料结构竞赛中应用所学开展对所设计作品的定量分析,甚至直接设计工程结构物。

　　在此还要特别感谢在《复合材料结构 CAE 实践指导书》试用稿编写中帮助整理算例的胡宗文、白艳洁、熊华锟、徐非凡等研究生。

　　限于时间和笔者水平,书中难免存在不当之处,恳请各位读者不吝指正。

袁国青

于同济大学

2021 年 10 月 15 日

目　　录

第 1 篇 | **基 础 篇**

　　本篇所列实验项目不涉及复合材料结构,主要训练学习使用通用有限元软件分析结构问题的一般方法。本篇涵盖软件界面操作、实体建模方法、结构静力分析、稳定问题分析、结构动力学分析、结构非线性屈曲分析等相关算例。

实验 1　ANSYS 软件界面操作及实体建模方法

1.1　实验目的

通过本次实验，了解 ANSYS 软件的主要功能及软件界面情况，结合简单算例，使学生对利用 ANSYS 进行结构分析的全过程有一个全面的了解。通过介绍实体建模的概念及实体建模的具体方法，使学生具备初步的实体建模能力。

1.2　实验内容

(1) 了解 ANSYS 图形用户界面(Graphical User Interface，GUI)的构成及菜单。
(2) 练习一个 3D 实体的图形用户界面建模方法。

1.3　实验步骤

1.3.1　了解 ANSYS 图形用户界面的构成及菜单

1. 进入 ANSYS 图形用户界面

点击已安装好的 ANSYS 软件的快捷方式图标或在开始菜单的程序中找到安装的 ANSYS 软件菜单中的 ANSYS 或 Mechanical APDL (ANSYS)等，点击后进入 ANSYS 图形用户界面。

若显示错误信息，无法进入正常的图形用户界面，通常可通过打开 FLEXLm LMTOOLs Utility，先点击 stop server，再点击 start server 或打开 Server ANSLIC-ADMIN Utility，先后点击 stop/start the ansys Inc. License Manager，再执行上述命令，便可进入 ANSYS 图形用户界面。

2. 了解 ANSYS 图形用户界面

图 1-1 是进入 ANSYS 后即可看到的 GUI 窗口。

选择 File>Exit 菜单或点击窗口右上角的"×"，即可退出 ANSYS。

(1) Utility Menu(实用菜单)。

Utility Menu 包含了 ANSYS 的所有公用函数，如文件操作、参数设置等。

File(文件)——文件与数据库有关操作。File 菜单包括一些文件和数据库操作相关的命令，比如：Clear & Start New，清空当前工作数据库；Save as，将当前数据库另存为一个

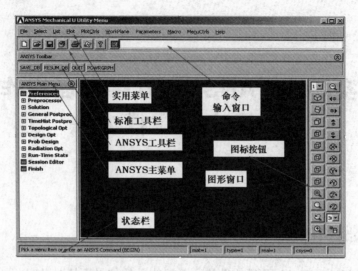

图 1-1　ANSYS 的交互式图形用户界面窗口

文件；Resume from，从文件中读取数据到当前数据库；等等。不过值得注意的是，有些文件操作类命令只能在分析过程的最开始执行，如果不是在这个时候运行此命令，将会有对话框出现，询问是否转到分析过程的初始时刻或者是否取消此命令的执行。

Select（选择）——选取节点、单元、点、线、面、体等。Select 菜单包括了 ANSYS 最有特色的功能——强大而灵活的选择命令。ANSYS 提供的选择命令可以选择 ANSYS 支持的所有几何类型（比如点、线、面、体以及节点、单元等），不同的选择命令还可以组合起来使用，实现丰富的选择功能。这部分的命令应该在后面的实例中配合 ANSYS 在线手册熟练掌握。

List（列表）——列出数据库中所有数据。List 菜单提供的命令可以列出 ANSYS 当前数据库中所包含的所有类型的数据（比如关键点坐标、载荷等）信息，还可以列出当前系统运行的状态等基本信息。

Plot（图形显示）——显示点、线、面、体等图形数据。Plot 菜单提供以图形方式（显示在图形窗口）显示关键点、线、面、体、节点、单元以及其他各种能以图形方式显示的数据。

PlotCtrls（显示控制）——PlotCtrls 菜单提供控制图形显示的视角、形式等图形显示特性方面的设定的命令。其中，Pan Zoom Rotate 提供了对于图形显示视角的控制，Hard Copy 对应的是屏幕截图命令，这可以将 ANSYS 图形窗口显示的图形直接存为一个文件。在查看模态形状或者响应等动力分析的后处理过程中，借助 Animate（动画）菜单提供的命令，可以更加直观地得到结构运动的动态过程。

WorkPlane（工作平面）——控制打开、旋转、移动工作平面等操作。WorkPlane 菜单包含关于工作平面控制的命令（比如显示工作平面/不显示工作平面、平移或者旋转工作平面等），还包含关于创建、删除坐标系以及在不同坐标系间切换的命令。

Parameters（参量设置）——定义、编辑或删除标量、矢量和数组参量。

Macro（宏设置）——创建、编辑、删除或运行宏。

MenuCtrls（菜单控制）——决定菜单可见性等。

Help（帮助）——帮助文档包括：软件版本、安装、注册相关的信息；ANSYS 命令和单元手册；基本界面操作指南，建模与分网指南，结构分析指南，热分析指南，流体分析指南，耦合场分析指南;APDL 操作手册,ANSYS 错误信息指南,ANSYS/LS-DYNA 操作指南,接口技术指南;ANSYS 用户指南;ANSYS 例题库;ANSYS 理论手册;等等。

对应图 1-2 中的菜单项 File,Select,…,Help 等,打开后可对各项具体内容做一了解。

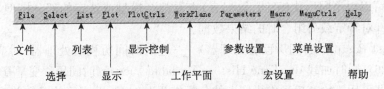

图 1-2   实用菜单说明

如点击 Utility Menu 上的 PlotCtrls＞Pan Zoom Rotate…,打开 Pan-Zoom-Rotate 对话框,对照图 1-3 可了解"平移—缩放—旋转"对话框的使用。

（2）Main Menu(主菜单)。

Main Menu 包括 ANSYS 的主要功能,如前处理、求解和后处理等。

对照图 1-4 了解主菜单的主要功能,点击菜单前面的"＋"展开菜单项,熟悉各菜单的内容。

Preference(优选项)——可以设置图形界面的类型,包括 Structural(结构分析)、Thermal（热分析）、Fluid(流体分析)。如选取 Structural,则 ANSYS 的主菜单只出现适合结构分析的单元类型和菜单选项等。

Preprocessor(前处理器)——进入前处理器(对应 ANSYS 命令：/PREP7)。建立模型、网格划分及施加载荷等均在前处理中完成。

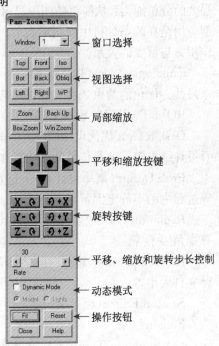

图 1-3   Pan Zoom Rotate 对话框

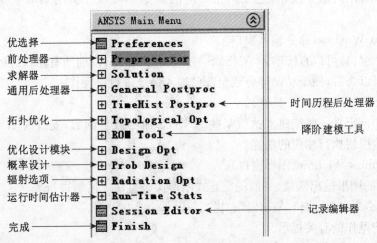

图 1-4   ANSYS 主菜单说明

Solution(求解器)——进入求解器(对应 ANSYS 命令：/SOLU)。在求解器菜单中可以定义求解类型(analysis type)选项、载荷(loads)、载荷步(load step)以及具体执行求解命令。

General Postproc(通用后处理器)——进入通用后处理器(对应 ANSYS 命令：/POST1)。可以以不同形式(云图、数据表)查看整个模型或选定的部分模型，在某一时间(或频率)上针对特定载荷组合时的结果数据。

TimeHist Postpro(时间历程后处理器)——进入时间历程后处理器(对应 ANSYS 命令：/POST26)，同时加载 the Time History Variable Viewer(时间历程变量查看器)。时间历程后处理器可用于检查模型中指定点的分析结果与时间、频率等的函数关系。它有许多强大的分析能力：从简单的图形显示和列表到诸如微分和响应频谱生成的复杂操作。其典型应用是在瞬态分析中以图形表示产生结果项与时间的关系和在非线性分析中以图形表示作用力与形变的关系。

Topological Opt(拓扑优化)——可用于确定系统的最佳几何形状，使系统的材料利用率最佳。优化的约束条件可能是结构的整体刚度或自振频率需满足一定的要求等。

ROM Tool(降阶建模工具)——基于模态分解法表达结构的响应。

Design Opt(优化设计模块)——包含了 OPT 操作，如定义优化变量、开始优化设计、查看设计结果等。这是传统的优化操作，是单步分析的反复迭代。

Prob Design(概率设计)——这是 ANSYS 6.0 版本以后的新增功能，结合设计和生产等过程中的不确定因素来进行设计。

Radiation Opt(辐射选项)——如定义辐射率、完成热分析的其他设置、写辐射矩阵、计算视角因子等。

Run-Time Stats(运行时间估计器)——包含了 RUNSTAT 操作，如估计运行时间、估计文件大小等。

Session Editor(记录编辑器)——用于查看保存或恢复之后的所有操作记录。

Finish(结束)。

(3) Standard Toolbar(标准工具栏)。

包括一些常用的命令按钮，这些按钮对应的命令都可以在实用菜单中找到对应的菜单项。

(4) Input Window(命令输入窗口)。

通过这个窗口，可以直接输入 ANSYS 可以支持的命令，以前所有输入过的命令以下拉列表的形式可以查看，便于粘贴部分或全部已输入命令进行再操作。

(5) ANSYS Toolbar(工具栏)。

允许用户自定义一些按钮来执行某些 ANSYS 命令或者函数，安装时 ANSYS 已经默认定义了一些按钮执行相应的功能。

(6) Graphics Window(图形窗口)。

ANSYS 的图形输出区域，一般的交互式图形操作也在此区域进行。

(7) Status and Prompt Area(状态栏)。

显示当前操作的有关提示。

(8) Output Window(输出窗口)。

输出窗口接收 ANSYS 程序运行时所有的文本输出，比如命令的响应、注释、警告、错误以及其他各种消息。一般情况下，这个窗口隐藏在主窗口之后。

1.3.2　3D 实体建模实践

图 1-5 是一个零件的示意图，请用 ANSYS 的实体建模功能完成对该零件的几何实体建模。图中长度尺寸的量纲保持一致即可，可以是 m、inch 等。

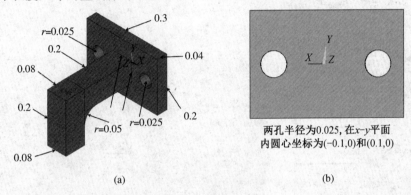

图 1-5　某零件示意图

以下是采用 GUI 方式完成该零件建模的基本步骤，要说明的是这并不是唯一的方法。

(1) 若 ANSYS 处于打开状态，且之前已做过一些其他的工作，此时要开始此零件的建模，则建议在命令输入窗口中输入 FINISH，然后回车，接着输入/CLEAR，NOSTART，然后回车，在弹出的 Verify 窗口中单击 YES 按钮。也可在 File 菜单下执行 Clear & Start New。

(2) 单击 Utility Menu > File > Change Jobname …，弹出 Change Jobname 对话框，在 Enter new jobname 中输入 Modeling_Meshing，然后勾选 New log and error files? 复选框（勾选后将形成新的日志文件，否则将在之前工作日志后接着写本建模工作的日志），单击 OK 按钮（图 1-6）。

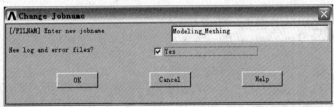

图 1-6　Change Jobname 对话框

(3) 单击 Utility Menu > File > Change Title …，弹出 Change Title 对话框，在 Enter new title 中输入 EX2：Modeling and Meshing（图 1-7），单击 OK 按钮。

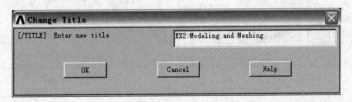

图 1-7　Change Title 对话框

（4）单击 Main Menu > Preprocessor > Modeling > Create > Areas > Rectangle > by 2 Corners，打开 Rectangle by 2 Corners 对话框。值设置如下：X：-0.15；Y：-0.1；Width：0.3；Height：0.2。（此法是通过指定矩形的一个角点坐标及矩形宽度和高度来建立矩形的。）单击 OK 按钮（图 1-8），这时绘制了一个矩形面。

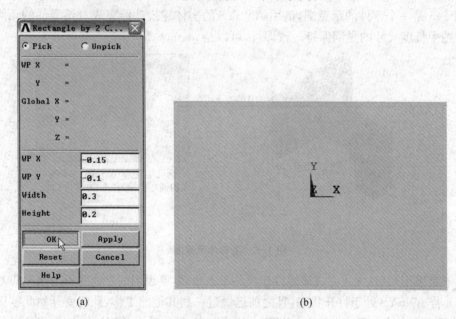

图 1-8　绘制一个矩形面

（5）单击 Main Menu > Preprocessor > Modeling > Create > Areas > Solid Circle，打开 Solid Circular Area 对话框。值设置如下：X：-0.1，Y：0，Radius：0.025，按下 Apply。接着输入：WP X：0.1；WP Y：0；Radius：0.025，按下 OK。如此则绘制好了两个圆（图 1-9）。

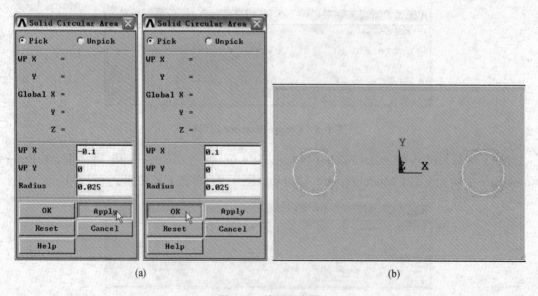

图 1-9　绘制两个圆

（6）单击工具栏上的 SAVE_DB 按钮保存数据库文件。

（7）单击 Main Menu > Preprocessor > Modeling > Operate > Booleans > Subtract > Areas，打开 Subtract Areas 对话框，先选择矩形，按下 OK，接着选择两个圆，再次按下 OK。此时矩形表面减出两个圆孔（图 1-10）。

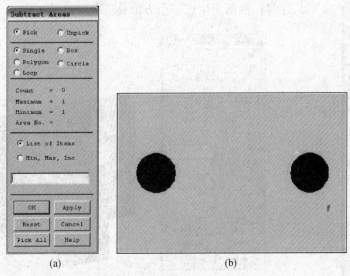

(a) (b)

图 1-10 矩形表面减出两个圆孔

（8）单击 Main Menu > Preprocessor > Modeling > Operate > Extrude > Areas > Along Normal，弹出 Extrude Areas By…对话框后，选取带圆孔的面，按下 OK。弹出 Extrude Area along Normal 对话框，在 Length of extrusion 中输入 0.04，按下 OK（图 1-11）。

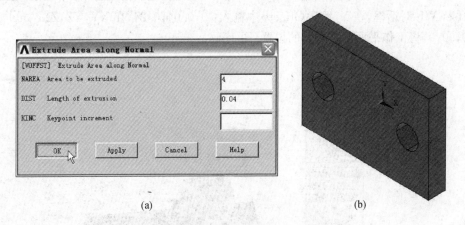

(a) (b)

图 1-11 Extrude Area along Normal 对话框

（9）单击 Utility Menu > PlotCtrls > Pan Zoom Rotate…，打开 Pan-Zoom-Rotate 对话框，调整模型到斜视图观看拉伸效果。

（10）单击 Utility Menu > WorkPlane > Offset WP by Increments，打开 Offset WP 对话框，在 X，Y，Z Offsets 中输入：0，0，0.04，按下 OK（图 1-12）。这时工作平面会移到模型上表面。

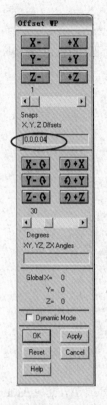

图 1-12　Offset WP
　　　　　对话框

（11）单击工具栏上的 SAVE_DB 按钮保存数据库文件。

（12）单击 Main Menu＞Preprocessor＞Modeling＞Volumes＞Block ＞By Centr，Cornr，Z，打开 Block By Ctr，Co…界面。值输入如下：WP X：0；WP Y：0；Width：0.08；Height：0.08；Depth：0.2。按下 OK。这时在台面上生成一个方形柱（图 1-13）。

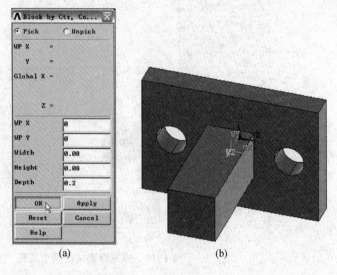

（a）　　　　　　　　　　　（b）

图 1-13　生成一个方形柱

（13）单击工具条上的 SAVE_DB 按钮保存数据库文件。

（14）单击 Utility Menu＞WorkPlane＞Offset WP by Increments 打开 Offset WP 对话框，在 X，Y，Z Offsets 中输入：0，0.04，0.24，在 XY，YZ，ZX Angles 中输入：0，90，0，将工作平面调整到新的位置（图 1-14）。

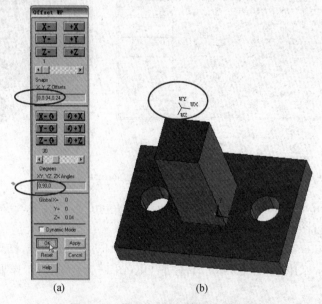

（a）　　　　　　　　　　　（b）

图 1-14　将工作平面调整到新的位置

（15）重复步骤（12）的过程：单击 Main Menu > Preprocessor > Modeling > Create > Volumes > Block > By Centr，Cornr，Z，打开 Block By Ctr，Co…对话框，值输入如下：WP X：0；WP Y：0；Width：0.08；Height：0.08；Depth：0.2。按下 OK（图 1-15）。

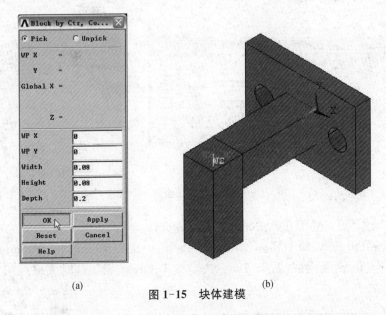

图 1-15　块体建模

（16）单击 Main Menu > Preprocessor > Modeling > Operate > Booleans > Glue > Volumes，打开 Glue Volumes 对话框，单击 Pick All 按钮（图 1-16）。这时三个实体被粘贴在一起。

（17）单击 Main Menu > Preprocessor > Modeling > Create > Areas > Area Fillet，打开 Area Fillet 对话框，选取如图 1-17(a)所示的两个面，然后单击 OK 按钮。提示：选择面的时候可能无法一次选中，这时不要松开左键，移动鼠标，当需要选取的面变色时，再松开左键。

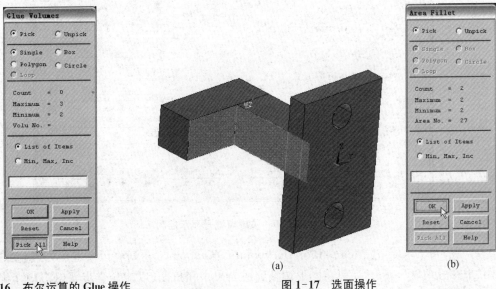

图 1-16　布尔运算的 Glue 操作　　　　　　图 1-17　选面操作

这时弹出 Area Fillet 对话框,在 Fillet radius 中设置半径为 0.05,按下 OK。这时在选中的两个面之间作出了一个圆角(图 1-18)。

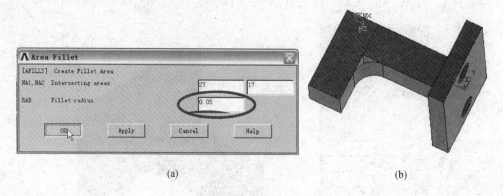

(a)   (b)

图 1-18 面倒角

单击工具栏上的 SAVE_DB 按钮保存数据库文件。

(18) 单击 Utility Menu>PlotCtrls>Numbering…,弹出 Plot Numbering Controls,勾选 Keypoint numbers 复选框(图 1-19)。然后点击 OK 按钮。这时关键点编号功能已经开启。

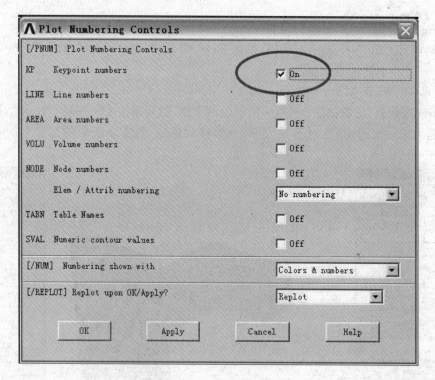

图 1-19 关键点编号显示控制

(19) 单击 Utility Menu>Plot>Keypoints>Keypoints,这时将以关键点方式显示图形。用"平移—缩放—旋转"工具将图形调整到适当大小和角度,以能分辨步骤(17)中作出的圆角为宜(图 1-20)。

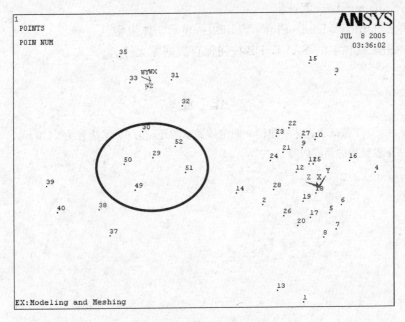

图 1-20　图形的关键点显示

(20) 单击 Main Menu > Preprocessor > Modeling > Create > Volumes > Arbitrary > Through KPs, 打开 Create Volume thru KPs 对话框, 依次选取 50, 30, 52, 49, 29, 51 号节点, 然后单击 OK 按钮, 这时圆角处将被补充成一个实体(图 1-21)。

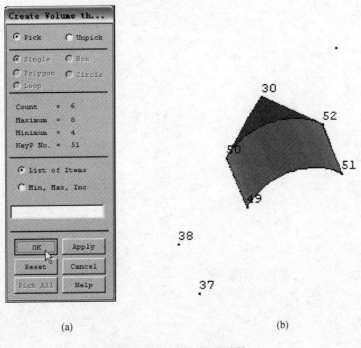

(a)　　　　　　　　　　　(b)

图 1-21　以关键点创建体

（21）单击 Utility Menu > PlotCtrls > Numbering…，弹出 Plot Numbering Controls，取消勾选 Keypoint numbers 复选框。

（22）单击 Utility Menu > Plot > Volumes，显示实体模型。

（23）单击工具栏上的 SAVE_DB 按钮保存数据库文件。

作　业

1.1　请完成一个 3/4 截球状壳体的建模。假定该截球的外径为 25 m、内径为 24.8 m。

1.2　Copy 一下教材中的相应内容。

实验 2　对一屋架结构和一悬臂梁的静力分析

2.1　实验目的

以工程力学里学过的屋架结构和悬臂梁为分析对象,分别采用杆单元和梁单元对其进行求解,了解运用 ANSYS 进行结构有限元分析的基本步骤和方法,并通过与理论解的比较,更好地理解有限元法的特点。

在教材中有对该悬臂梁采用三维实体单元进行分析的算例,本实验采用梁单元进行分析,可将两者进行比较。

2.2　实验内容

(1) 对一屋架结构的分析。
(2) 对一悬臂梁采用梁单元进行分析。

2.3　实验步骤

2.3.1　屋架结构分析

1. 问题描述

图 2-1 是一个人字形屋架的简易结构模型,其中,杆件的横截面积为 $0.01\ m^2$;材料为 A3 钢(普通碳素钢甲类平炉 3 号沸腾钢,应用最广的结构钢);弹性模量为 $2.07 \times 10^{11}\ Pa$;节点 1 和节点 5 固定(所有位移约束为零);在节点 6,7,8 各施加竖向载荷为 $F = 1\ 000\ N$,方向向下。

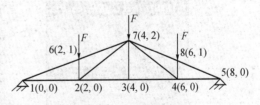

图 2-1　结构模型

2. 分析全过程

1) 启动 ANSYS

从步骤(1)到步骤(6)均为前处理的内容,包括指定作业名称和分析标题、创建几何模型、定义单元类型、定义单元实常数、定义材料属性,以及对模型进行网格划分。

（1）建立工作目录。在电脑的某硬盘（如 D 盘）上创建用户文件夹，建议使用自己的学号命名。

（2）启动软件。如果你或机房管理老师已经在自己或机房使用的电脑上安装好了 ANSYS，其版本号为 X. Y（版本号，如 14.5），则可点击开始 > 所有程序 > ANSYS X. Y > ANSYS，启动 ANSYS X. Y 软件。ANSYS 界面如图 2-2 所示。

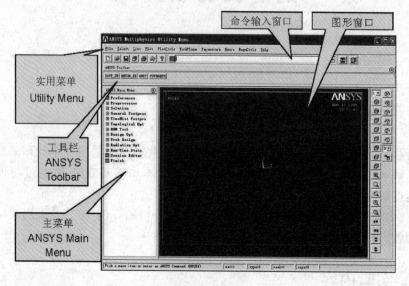

图 2-2　启动软件

（3）设置工作目录。单击 Utility Menu > File，在下拉菜单中选择 Change Directory（图 2-3），选择刚才创建的文件夹作为 ANSYS 工作目录。

（4）设置任务名称。单击 Utility Menu > File，在下拉菜单中选择 Change Jobname，输入名称 step1，单击 OK 按钮确认。

（5）设置任务标题（Change Title）。单击 Utility Menu > File，在下拉菜单中选择 Change Title，在 Enter new title 的提示框中输入名称 The analysis of a structure with a steel frame，单击 OK 确认。然后单击 Utility Menu > plot > Replot（图 2-4）。

图 2-3　设置工作目录

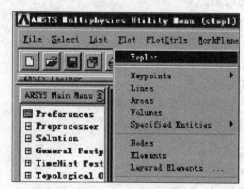

图 2-4　设置任务标题

（6）设置分析规则。在界面左边的 ANSYS Main Menu 中点击 Preferences，在分析规则中选中 Structural,如图 2-5 所示,单击 OK 确认。

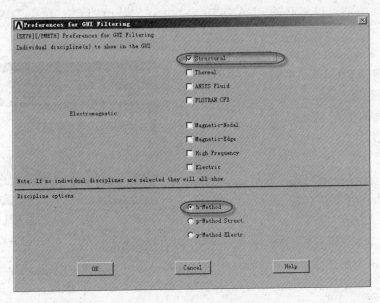

图 2-5　分析规则设置

2) 创建人字形屋架的几何模型

(1) 创建屋架的关键点。通过输入各个关键点的绝对坐标创建各个关键点。

注意,需要给各个关键点分配不同的编号(KPT Number)!

单击 Main Menu > Preprocessor > Modeling > Create > Keypoints > In Active CS。

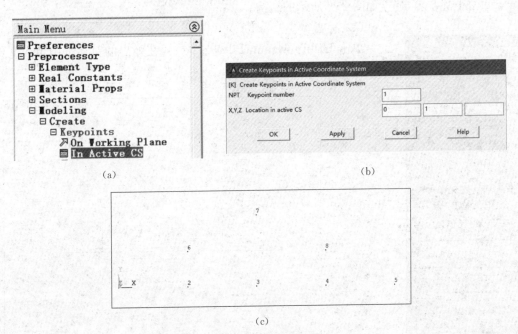

图 2-6　创建关键点

在 KPT Keypoint Number 中输入 1,在 X，Y，Z Location in active CS 中输入 0,0(本例中为平面结构,z 方向可以不必输入,ANSYS 中不填任何数值即默认为零),然后单击 Apply 按钮。

在 KPT Keypoint Number 中输入 2,在 X，Y,Z Location in active CS 中输入 2,0,然后再单击 Apply 按钮。

重复上面的步骤,完成节点 3—8 绘制,最后单击 OK 退出。

(2) 存盘。

单击 Utility Menu>File>Save as,在弹出的对话框中填入保存文件名称 step1.db,单击 OK 确认,如图 2-7 所示。

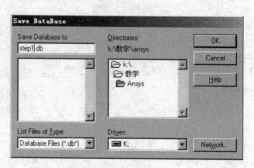

图 2-7　保存文件

注:与其他 CAD 软件不同,在 ANSYS 中没有撤销操作一说。由于程序运行时产生大量的中间文件(大的计算量非常耗内存和硬盘),如果撤销一步操作的话,大量的中间过程都要重新加载,这很不现实,因此,软件设计时就干脆没有撤销命令,因此一定要注意多保存中间结果!

(3) 创建关键点之间的连接(直线连接)。

单击 Main Menu>Preprocessor>Modeling>Create>Lines>Lines>Straight line,弹出如图 2-8 所示对话框。

选取点 1 和点 2,这样就在点 1 和点 2 间绘出一条直线,点击 OK 或 Apply 完成一条线段创建。

重复上述步骤,建立如图 2-9 所示的结构。

(4) 存盘

单击 Utility Menu>File>Save as,在弹出的对话框中填入文件名称 step2.db,单击 OK 确认。

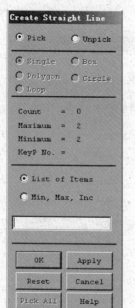

图 2-8　创建直线

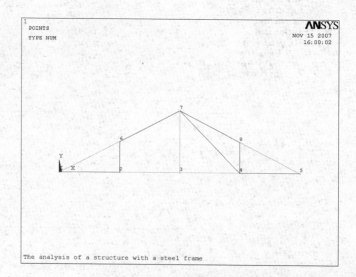

图 2-9　人字形屋架几何模型

3）设定单元类型

单击 Main Menu > Preprocessor > Element Type > Add/Edit/Delete，弹出如图 2-10 所示对话框。

图 2-10 单元类型

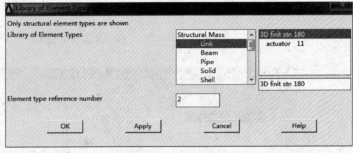

图 2-11 单元类型

单击 Add⋯按钮，弹出如图 2-11 所示对话框。在 Library of Element Types 中选择 Link，然后在最右边选择 3D finit stn 180，如图2-11所示。然后单击 OK 按钮，返回 Element Types 对话框，再单击 Close 按钮。

4）定义截面属性

设定杆的横截面积。

选择菜单 Main Menu：Preprocessor > Section > Link > Add，如图 2-12 所示。

弹出如图 2-13 所示对话框，在输入框中输入 1，点击 OK。

进入下一级对话框，在 Section Name 输入框中输入 Link，在 Link area 输入框中输入 0.01，如图 2-14 所示。点击 OK 按钮完成横截面积的设定。

图 2-12 设定截面

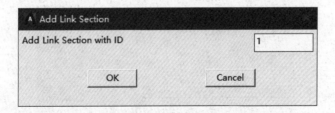

图 2-13 添加 Link 截面

5）定义材料属性

设定杆的弹性模量。

单击 Main Menu > Preprocessor > Material Props > Material Models，弹出如图 2-15 所示对话框。

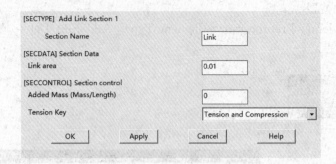

图 2-14 设定横截面积

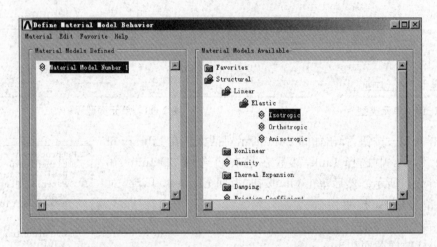

图 2-15 Define Material Model Behavior 对话框

进入 Structural > Linear > Elastic > Isotropic，双击 Isotropic，弹出如图 2-16 所示对话框。

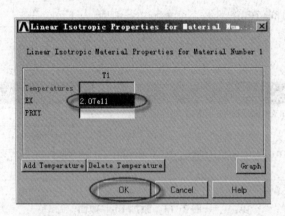

图 2-16 Linear Isotropic Properties for Material Number 1 对话框

在图 2-16 中 EX 栏里输入 2.07e11（杨氏模量），单击 OK 确认。（默认 PRXY 为 0，因为本结构为平面杆件结构，泊松比对系统没有影响。）

点击关闭窗口按钮，返回 ANSYS 主界面。

存盘。单击 Utility Menu>File>Save as，在弹出的对话框中填入文件名称step3.db，单击 OK 确认。

6）网格划分

单击 Main Menu > Preprocessor > Meshing > Size Cntrls > ManualSize> Lines > All Lines。

弹出 Element Sizes on All Selected Lines 对话框，如图 2-17 所示。

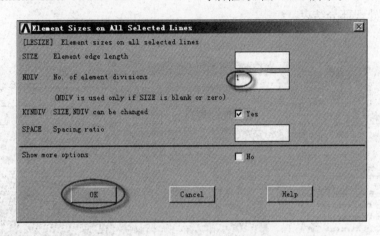

图 2-17　**Element Sizes on All Selected Lines 对话框**

在 NDIV 文本框中输入 1，单击 OK 确认。这样就使得每条直线网格划分为一个单元，如图 2-18 所示。

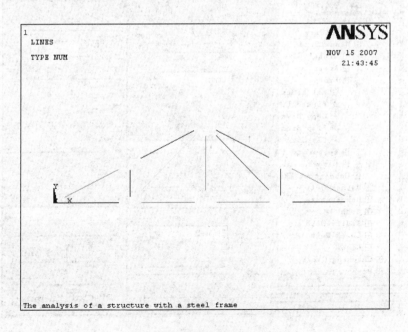

图 2-18　屋架的有限元模型

单击 Main Menu > Preprocessor > Meshing > MeshTool，弹出如图 2 - 19 所示的 MeshTool 对话框。

单击图 2-19 中 Mesh 按钮，弹出 Mesh Lines 对话框。

在图形窗口中拾取已经创建的 13 条直线，如图 2-20(a)所示。

单击 Mesh Lines 对话框中 OK 按钮确认。

存盘，单击 Utility Menu > File > Save as，在弹出的对话框中填入文件名称 step4. db，单击 OK 确认。

至此，前处理部分结束。

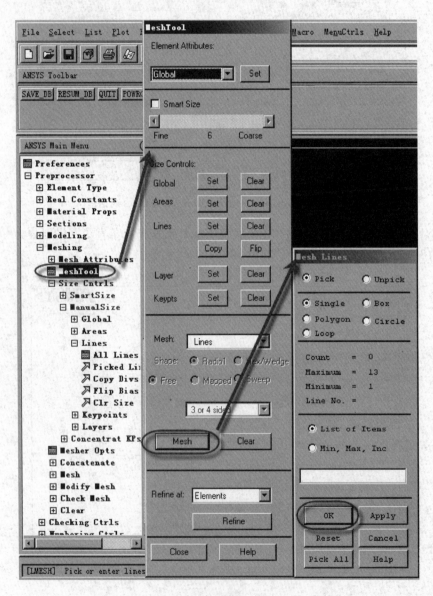

图 2-19　MeshTool 对话框与 Mesh Lines 对话框

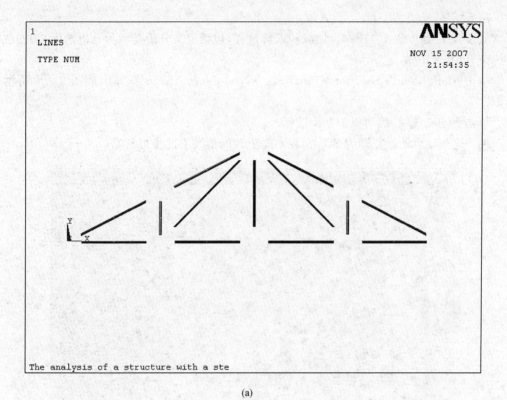

(a)

(b)

图 2-20 Mesh 选中后的模型

7）设定分析类型

从步骤 7）到步骤 10）统称为加载和求解过程，包括定义分析类型和分析选项，施加载荷及约束，以及求解。

单击 Main Menu > Solution > Analysis Type > New Analysis，弹出如图 2-21 所示对话框。

单击 Static 选项，然后单击 OK 按钮。

注：这一项默认设置即为 Static，在不需更改的情况下此步可省略。

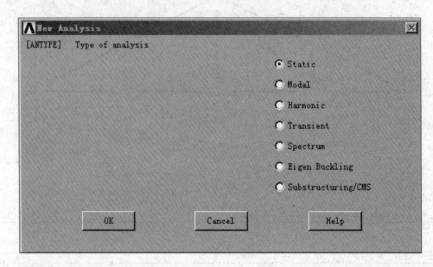

图 2-21 New Analysis 对话框

图 2-22 Apply U, ROT on Nodes 对话框

8）添加约束

单击 Main Menu > Solution > Define Loads > Apply > Structural > Displacement > On Nodes，弹出如图 2-22 所示对话框。

用鼠标在平面上点击节点 1，然后在对话框中点击 Apply 按钮，弹出如图 2-23 所示对话框。

在 Lab2 DOFs to be constrained 中点击 All DOF，再在 VALUE 中输入 0，点击 OK 按钮。

重复上述操作，将节点 5 的所有自由度也进行约束。结果如图 2-24 所示，框内为所加约束。

如果没有显示，可以右键弹出动态菜单，选择 Replot，刷新显示。

9）添加负载

单击 Main Menu > Solution > Define Loads > Apply > Structural > Force/Moment > On Nodes

用鼠标在平面内连续单击节点 6，7，8 后，在对话框中单击 OK 按钮，弹出如图 2-25 所示对话框。

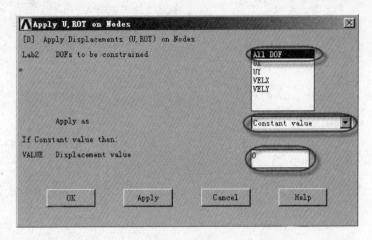

图 2-23　Apply U，ROT on Nodes 对话框

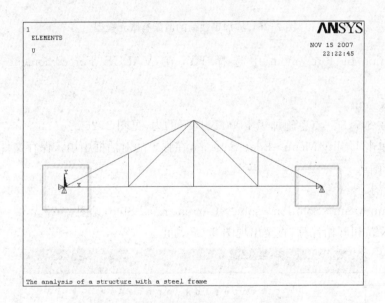

图 2-24　施加了约束的屋架有限元模型

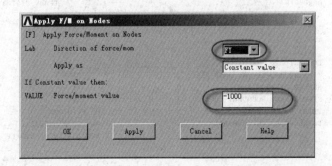

图 2-25　新的 Apply F/M on Nodes 对话框

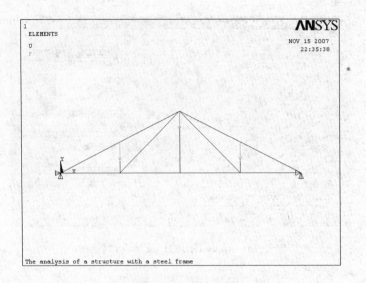

图 2-26　施加了载荷的屋架有限元模型

在 Direction of force/mom 中选择 FY，在 VALUE Force/moment value 中输入一1 000。

单击 OK 按钮。

这样就在 6,7,8 三点各施加了 1 000 N 向下的力,见图 2-26。

存盘。单击 Utility Menu＞File＞Save as,在弹出的对话框中填入保存文件名称 step5. db,单击 OK 确认。

10) 开始求解

单击 Main Menu＞Solution＞solve＞Current Load Step,见图 2-27。

单击 OK 按钮开始计算,直至出现图 2-28 为止。

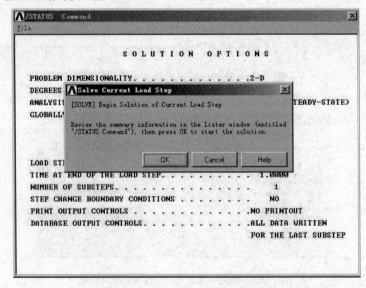

图 2-27　Solve Current Load Step

单击 Close 完成整个求解过程。

图 2-28　Note 提示框

关闭 STATUS Command 状态窗口，见图 2-29，Solution 结束。

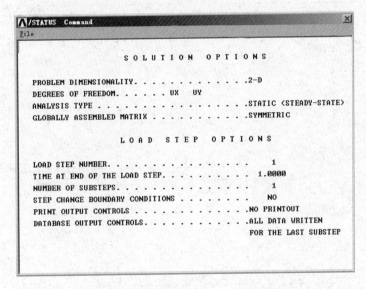

图 2-29　STATUS Command 状态窗口

11) 查看结果（也称为后处理）

后处理主要包括从计算结果中读取数据，对计算结果进行各种图形化显示、列表显示，进行各种后续分析等。

注意将结果按照要求进行保存，作为实验报告提交。

(1) 首先查看杆件的变形情况。

单击 Main Menu>General Postproc>Plot Result>Deformed shape。

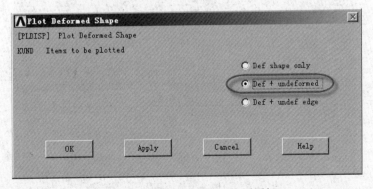

图 2-30　Plot Deform shape 对话框

选中 Def＋undeformed 选项,见图 2-30,单击 OK。图 2-31(a)为变形前后屋架的图形。

显示杆件编号。

Utility Menu＞PlotCtrls＞Numbering ⋯

在弹出的对话框中选择 Elem/Attrib numbering:Element numbers,这样即可显示杆的编号[(图 2-31(b)]。节点 NODE 编号同样在这里设置是否显示。

在 Ansys Untility Menu 中的 PlotCtrls 下拉菜单中选择 Capture Image⋯然后在 Image1 的 File 下拉菜单中选择 Save As,将图 2-31(c)保存。

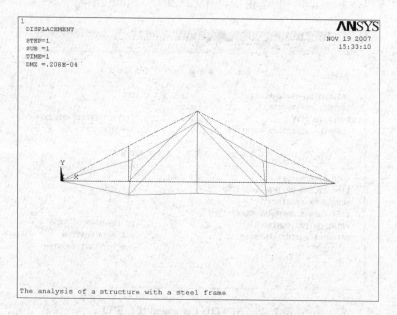

(a) 人字形屋架的简易结构模型变形前后图形

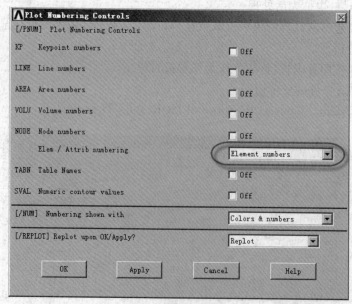

(b) 编号显示设置

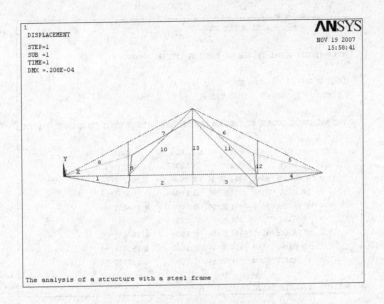

（c）编号显示结果

图 2-31　屋架单元编号显示及变形图

（2）查看节点位移。

点击 Main Menu＞General Postproc＞List Results＞Nodal Solution。

弹出对话框（图 2-32）。

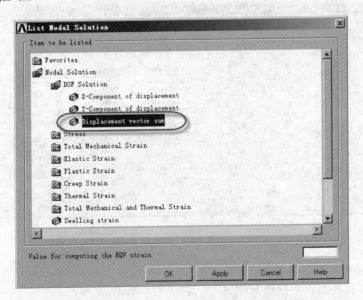

图 2-32　List Nodal Solution 对话框

选择 Nodal Solution＞DOF Solution＞Displacement vector sum。

单击 OK 按钮，得到如下结果文件（图 2-33）。

点击 File＞Save as 将其保存，然后关闭图 2-33 窗口。结果作为实验报告附件提交。

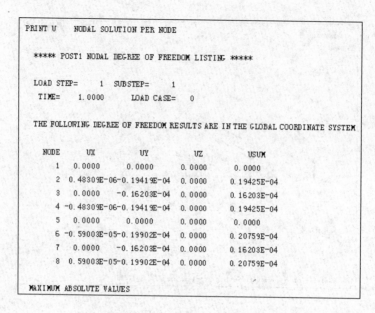

图 2-33　各节点位移输出结果

（3）查看杆单元的轴向力、轴向应力、轴向应变。

点击 Main Menu > General Postproc > Element table > Define table。

在弹出的 Element Table Data 对话框中单击 Add…,然后弹出对话框(图 2-34)。

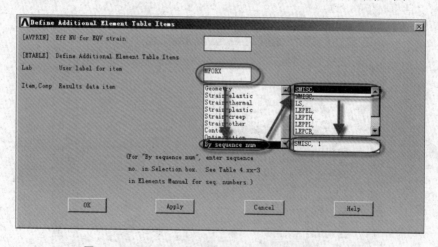

图 2-34　Define Additional Element Table Items 对话框

在 Lab User label for item 中填入名称 MFORX,然后再在左下选项栏中选择 By sequence num,再在右栏中选择 SMISC,1(轴向力),单击 Apply。

重复上面步骤,在 Lab User label for item 中输入 SAXL,然后再选择 By sequence num 和 LS,1(轴向应力),单击 Apply。

重复上面步骤,在 Lab User label for item 中输入 EPELAXL,选择 By Sequence Num 和 LEPEL,1(轴向应变),单击 OK。

单击 Main Menu > General Postproc > List Result > Elem Table Data。

弹出对话框(图2-35)。

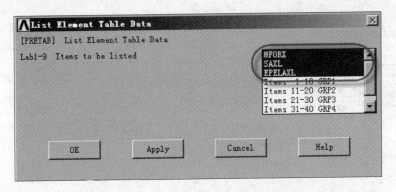

图2-35 List Element Table Data 对话框

在对话框中选择 MFORX, SAXL, EPELAXL,单击 OK。

弹出 PRETAB Command 状态窗口(图2-36)。

点击 File>Save as 将其保存,作为实验报告附件提交。

然后关闭图2-36窗口。

注意:在创建链接时,由于创建顺序不同,造成杆件编号不同,引起上面表格中的数据位置和编号不同,但整体结果应该相同!

(4)绘制轴向力图。

单击 Main Menu > General Postpro > Element table>Plot Elem table。

在 Item to be plotted 中选择 MFORX(图2-37)。单击 OK 按钮。

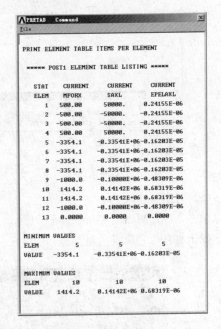

图2-36 杆单元的轴向力、轴向应力、轴向应变

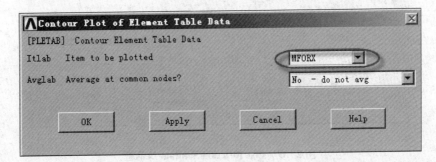

图2-37 Contour Plot of Element Table Data 对话框

轴向力图如图 2-38 所示。

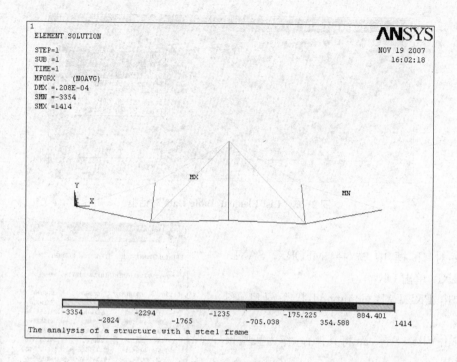

图 2-38　轴向力图

（5）列出支座反力。

单击 Main Menu：General Postpro > List Result > Reaction Solu。

弹出如图 2-39 所示对话框。

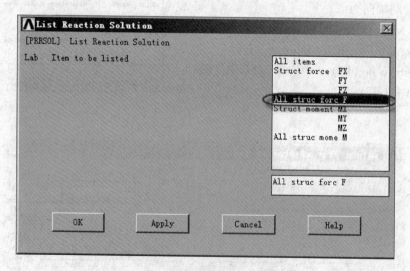

图 2-39　List Reaction Solution 对话框

在图 2-39 对话框中选择 All struc forc F，单击 OK。弹出如图 2-40 所示文件。

点击 File>Save as 将其保存。

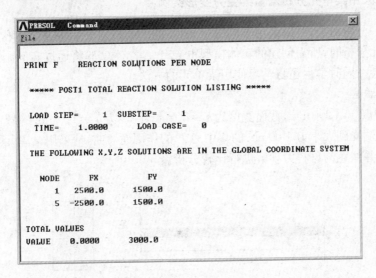

图 2-40　支座反力

存盘。单击 Utility Menu>File>Save as,在弹出的对话框中填入保存文件名称 step6. db,单击 OK 确认。

12) 退出 ANSYS

选择 File>Exit…,弹出对话框,单击 OK 退出(图 2-41)。

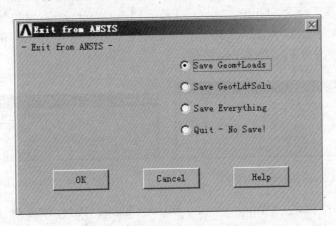

图 2-41　Exit from ANSYS 对话框

在 ANSYS 中虽然没有提供 Undo 快捷工具,但还是可以通过 Session Editor 来实现。

具体的实现过程:

单击 Main Menu：Session Editor。

进入 Session Editor 窗口后,可以看到所有操作记录,如果要实现 Undo,只要删除对应操作记录即可。在修改 Session Editor 的记录后,单击 OK 即可实现 Undo 或修改的目的。但是这样做会重新生成所有步骤,如果有一步错误删除的话,将无法重新生成!

2.3.2 采用梁单元分析悬臂梁受力变形实例

对于同一分析对象,可以采用不同的单元、不同的网格划分策略进行有限元分析。当选用不同的单元分析时,所需创建的实体模型也会有变化,本实验将通过实例让学生对此有一个真切的体会。同时学生还将学习使用梁单元的方法。

1. 问题描述

一长度为 $L = 1200$ mm,截面宽度为 $b = 50$ mm,高度为 $h = 120$ mm 的悬臂梁如图2-42所示,在自由端受到大小为 1 000 N 的集中力 F 的作用而弯曲,请采用梁单元 BEAM188 对其进行分析,并注意与材料力学解进行比较分析。

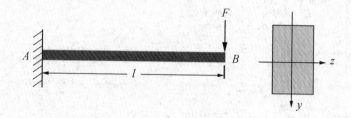

图 2-42 待分析的悬臂梁

已知材料的弹性模量 $E = 200$ GPa,泊松比 $\mu = 0.25$。

2. 分析步骤

建立模型

(1) 定义工作文件名:Utility Menu > File > Change Jobname,弹出如图 2-43 所示的 Change Jobname 对话框,在 Enter new jobname 文本框中输入 Beam,并将 New log and error files 复选框选为 Yes,单击 OK 按钮。

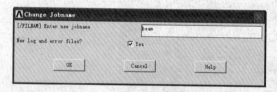

图 2-43 Change Jobname 对话框

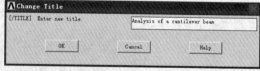

图 2-44 Change Title 对话框

(2) 定义工作标题:Utility Menu > File > Change Title,在出现的对话框中输入 Analysis of a cantilever beam,如图 2-44 所示,单击 OK 按钮。

(3) 关闭三角坐标符号:Utility Menu > Plot Ctrls > Windows Controls > Windows Options,弹出一个对话框,在 Location of triad 下拉列表框中,选择 Not Shown,单击 OK 按钮。

(4) 选择单元类型:Main Menu > Preprocessor > Element Type > Add/Edit/Delete,弹出如图 2-45(a)所示的 Element Type 对话框,单击 Add 按钮,弹出如图 2-45(b)所示的 Library of Element Types 对话框,在列表框中分别选择 Structural beam 和 3D finite strain 2 node 188,单击 OK 按钮,点击 Close 按钮关闭 2-45(c)所示窗口。

（a）Element Type 对话框　　　　（c）选定的单元类型

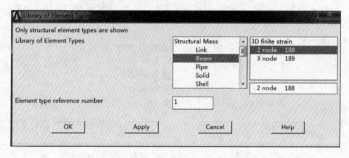

（b）Library of Element Types 对话框

图 2-45　选择单元类型

（5）设定截面参数。执行 Main Menu > Preprocessor > Sections > Beam > Common Sections，并按图 2-46(a)设置后点击 OK 后退出，接着执行 Plot Section，可得图 2-46(b)。

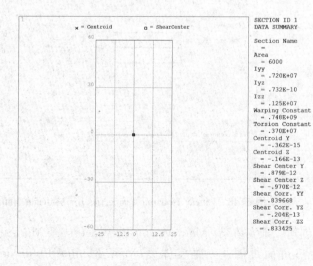

（a）梁截面定义窗口　　　　　　（b）梁截面特性

图 2-46　设定截面参数

（6）设置材料属性：Main Menu > Preprocessor > Material Props > Material Models，弹出如图 2-47 所示的 Define Material Model Behavior 对话框，在 Material Models Available 列表框中，双击打开 Structural > Linear > Elastic > Isotropic，弹出如图 2-48 所示的 Linear Isotropic Properties for Material Number 1 对话框，在 Ex 文本框中输入 2e5，在 PRXY 文本框中输入".25"，单击 OK 按钮，然后单击菜单栏上的 Material > Exit 选项，完成材料属性的设置。

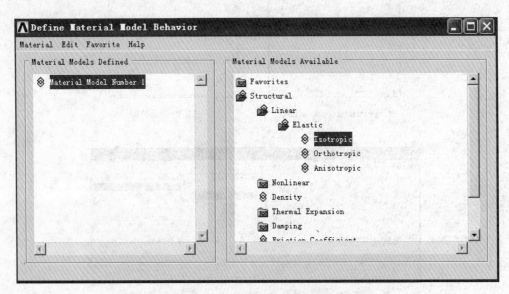

图 2-47　Define Material Model Behavior 对话框

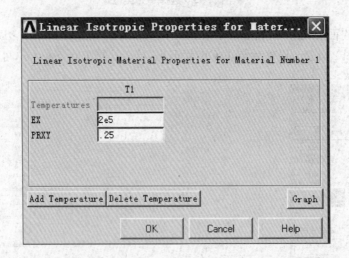

图 2-48　Linear Isotropic Properties for Material Number 1 对话框

（7）创建二维实体梁：Main Menu > Preprocessor > Modeling > Create > Keypoints，创建 2 个关键点；进而再创建二维实体梁，Main Menu > Preprocessor > Modeling > Create > Lines，得到如图 2-49 所示的梁的几何模型。

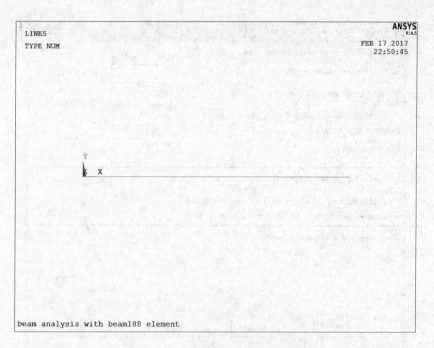

图 2-49　二维实体梁的几何模型

（8）划分网格：Main Menu > Preprocessor > Meshing > Mesh Attributes > Default Attrib，将弹出如图 2-50 所示的对话框，按 OK 按钮，关闭对话框；点击 Size Cntrls>Manual Size>Lines>Picked Lines，选中表示梁段的直线，然后按图 2-51 所示进行设定，最后按 OK 按钮，退出网格设定对话窗口。

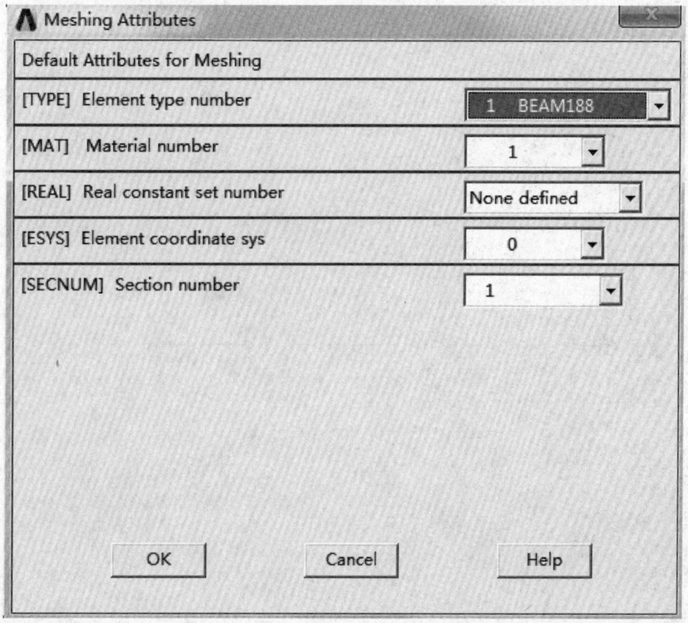

图 2-50　Default Attributes for Meshing 对话框

图 2-51 **Element Sizes on Picked Lines** 对话框

随后单击 Mesh>lines，弹出 Mesh lines 对话窗口，然后选择图形窗口中梁的几何体，则可得划分为如图 2-52(a)所示的梁的有限元模型。

执行 PlotCtrl>Numbering，并在打开的窗口中选择显示 element numbers，则将出现图 2-52(b)。

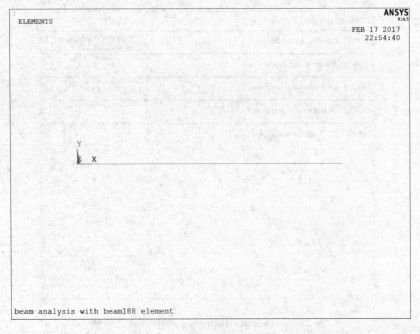

(a) 梁的有限元模型

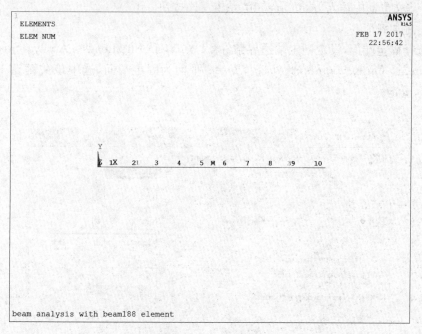

（b）梁的有限元模型（显示梁的单元编号）

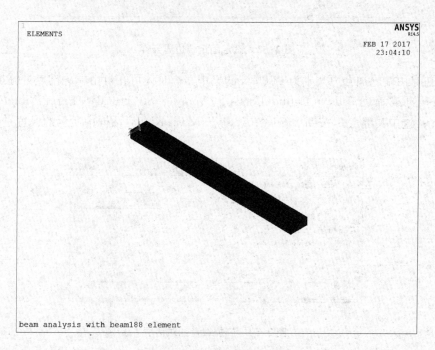

（c）显示梁三维形状的有限元模型

图 2-52　划分网格

执行 PlotCtrl>Style>Size and Shape，并在打开的窗口中将 display of element 项设为
on，则将得到如图 2-52(c)所示的有限元模型。

（9）保存有限元模型：单击菜单栏上的 Files>Save as 选项，弹出一个对话框，在 Save

database to 文本框中输入 beam2fea. db,单击 OK 按钮。

（10）施加载荷。

① 选择固定端面,设定固定端边界条件。Loads > Define Loads > Apply > Structural > Displacement > On Keypoints,此处选择 $x=0$ 平面为固定端面,选中该关键点 1 后,按图 2-53 所示设定。

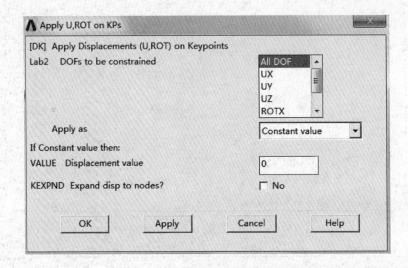

图 2-53 设定固定端边界条件

② 在自由端施加合力大小为 1 000 N 的集中力。具体可在自由端关键点处施加大小为 1 000 N 的载荷,Loads > Define Loads > Apply > Structural > Force/Moment > On Keypoints,选中关键点 2,按图 2-54 中 ApplyF/M on KPs 对话框中所示的设置进行设定。

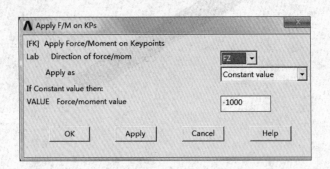

图 2-54 施加载荷的对话框

（11）求解。

① 设置分析类型:Main Menu > Solution > Analysis Type > New Analysis,弹出如图 2-55 所示的 New Analysis 对话框,单击 Static 单选按钮,单击 OK 按钮。

② 求解:Main Menu > Solution > Solve > Current LS,弹出一个信息提示框和对话框,浏览完毕后单击 File > Close,单击对话框上的 OK 按钮,开始求解运算,当出现一个

Solution is done 信息框时,单击 Close 按钮,完成求解运算。

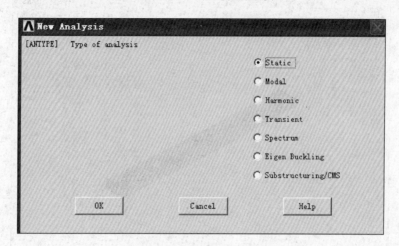

图 2-55　New Analysis 对话框

(12) 后处理。

本例利用材料力学的知识是可以求解的,应用线弹性小变形梁理论计算得到的横截面上最大正应力为 10 MPa,自由端的挠度为 0.4 mm。图 2-56 是有限元计算得到的挠曲线云图,可见其与理论解吻合很好。

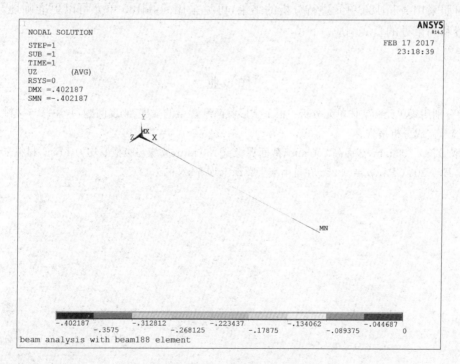

图 2-56　挠曲线云图

注意:当打开 PlotCtrls>style>Size and Shape 开关时,可查看应力云图,如图 2-57 所示。

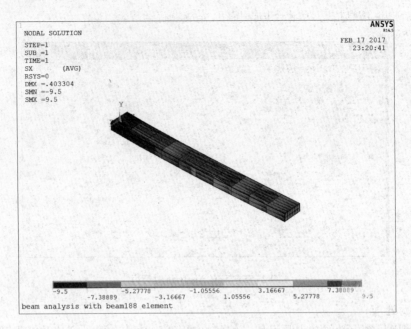

图 2-57　应力云图

可见其与材料力学解符合性还是好的。

对照采用 solid185 单元进行分析的结果，可见采用 solid185 单元可以更准确地分析加载位置和约束处的真实响应。

作　业

请分别用梁单元和实体单元分析一根工字形截面悬臂梁的强度、刚度问题，并注意与材料力学解进行比较，完成分析报告。

（取梁长 2 500 mm，截面高 250 mm，截面翼缘宽 180 mm，翼缘与腹板厚均为 4 mm，材料采用钢材即可取 $E = 200$ GPa，$\mu = 0.25$。在自由端上翼缘上加 5 kN 的力。）

实验3 结构稳定问题分析实践

3.1 实验目的

结构的稳定问题是结构设计、分析的重要内容之一,在材料力学里同学们都学过压杆稳定问题,实际上除压杆存在稳定问题之外,广泛应用的板壳类结构也存在稳定问题。那么除了在材料力学里学习过的理论分析方法外,如何用有限元法求解稳定问题显然也是大家关心的。掌握其方法,对解决在工程实践中可能遇到的各种结构的稳定问题具有实际意义。因此安排本实验的目的就是让同学们初步掌握利用有限元软件分析稳定问题的方法。

3.2 实验内容

(1) 压杆的线性屈曲分析。
(2) 四边简支矩形板的弹性屈曲分析。

3.3 有关结构稳定的基础知识

在材料力学里大家学过压杆稳定的知识,初始处于直线平衡状态的细长压杆在载荷渐渐增大到某一载荷值时其直线平衡状态将变得不稳定起来,受到小的侧向干扰弯曲后,即使此干扰力去掉后其也不再能回复到直线平衡状态,而是保持在弯曲后的平衡状态,此时我们称压杆失稳了,失去了原有直线状态的稳定平衡,对应的载荷称为临界失稳载荷或屈曲载荷。失稳后压杆可能呈现的特征形状称为屈曲模态。

在板壳理论里我们还将学到板壳的稳定理论。

薄板在边界上仅受到纵向载荷作用时一般在薄板内引起的应力主要为平行于薄板中面的应力,因此可将之视为平面应力问题。当纵向载荷引起的中面内力在某些部位、某些方向是压力,则当纵向载荷超过某一数值时,薄板的平面平衡状态将成为不稳定的,受到横向干扰力变弯后,当撤掉横向干扰力,其也不能再回复到原来的平面平衡状态了,实际试验中将发现其随后会经历一段振动过程而进入某一个弯曲的平衡状态,且该弯曲的平衡状态是稳定的。薄板在纵向载荷作用下处于弯曲的平衡状态的现象称为压曲或屈曲。

壳体是中面为曲面的二维结构,当以壳作为承力结构,在一定的支撑条件下,可以使壳中的弯矩与扭矩非常小,这样壳将主要由沿壳厚度均匀分布的拉(压)应力或剪应力来平衡外载荷,当薄壳承受面内压缩应力时,也有发生失稳或屈曲的可能。但一般说来,壳体抵抗屈曲的能力优于平板。当处于薄膜应力状态的薄壳结构在外界干扰力下出现了有矩应力，变形上出现皱曲等特征，去掉干扰力后，仍无法回复到薄膜应力状态和原有的薄壳几何形态，则称该薄壳失稳了。

结构从稳定平衡状态过渡到不稳定平衡状态的转变点称为临界点（Critical point），对应的载荷称为临界载荷（critical load）。

在临界点处结构可能沿着多条不同的平衡路径发展，在微小的扰动下，结构最终会选择能量最小的那条平衡路径，表现为压缩载荷超过临界点后的变形是突然发生的。因此这样的临界点又称为分叉点（bifurcation point）。具有分叉点的结构失稳现象又称为屈曲（buckling）问题或第一类结构稳定问题。如欧拉压杆屈曲、对称开口薄壁杆件受中心轴压时发生的扭转屈曲、非对称开口薄壁杆件受轴压时发生的弯扭耦合屈曲、薄壁梁在平面受弯时发生的侧向屈曲（也是一种弯扭耦合屈曲）、薄板受压和受剪时的屈曲、薄壁圆柱壳受侧压时的屈曲等。

另外一类结构稳定性问题的表现和屈曲有所不同。这些结构从稳定平衡状态过渡到不稳定平衡状态的过程中，其载荷位移曲线是连续平滑的，只是在临界点处达到极大值，而不会产生分叉。这样的临界点又称为极值点（limit point），其对应的载荷称为极限载荷（limit load）。具有极值点的结构失稳现象又称为极值稳定性问题或第二类结构稳定性问题。（要做进一步的了解可参见薛明德和向志海编著的《飞行器结构力学基础》。）

对屈曲问题，载荷在达到临界点之前，结构处于前屈曲（pre-buckling）阶段；载荷超过临界点后，结构进入后屈曲或过屈曲状态（post-buckling）阶段。结构发生屈曲时的变形模式称为屈曲模态（buckling mode）。

在给定的载荷模式下，结构可能有多个临界载荷，相应地也会有多个屈曲模态。在欧拉压杆失稳问题中，欧拉临界载荷公式如下：

$$P_{cr}^n = \frac{(n\pi)^2 EI}{(\mu l)^2}, \quad n = 1, 2, \cdots$$

两端简支的压杆相应的挠曲线为

$$w^n(x) = A\sin\left(\frac{n\pi x}{l}\right), \quad n = 1, 2, \cdots$$

式中，A 为一个不确定的非零常数；n 称为临界载荷或屈曲模态的阶数。

工程上习惯将薄壁结构的屈曲模态分为总体屈曲模态、局部屈曲模态和混合屈曲模态三种。其实同一结构在不同的载荷作用下，其屈曲时产生的鼓包（或凹坑）可能遍布整个结构，也可能只出现在结构的局部区域。无论如何，它们都是结构的某阶屈曲模态，是结构整体的一种性质。因此，很难准确地定义总体屈曲模态、局部屈曲模态和混合屈曲模态这些概念。

工程上总体屈曲模态常指结构屈曲时产生的鼓包（或凹坑）遍布整个结构，而且单个鼓包（或凹坑）的尺寸（屈曲模态的波长）与结构的特征尺寸（例如长度或宽度）有相同的数量级。

工程上局部屈曲模态常指结构屈曲时产生的鼓包（或凹坑）仅发生在结构的局部区域，屈曲模态的波长远小于结构的特征尺寸。

屈曲有可能导致结构失效,但也并不总是导致结构失效。例如四边受约束的平板,当受压出现屈曲时,非承载边的约束能够产生拉伸薄膜应力,限制板的横向变形,从而使板的承载能力仍然可以增加。因此,如果能够充分挖掘结构屈曲后的承载潜力,对减轻飞行器结构的重量是大有好处的。

特征值屈曲分析是用于预测理想弹性结构的理论屈曲载荷或应力或强度(岐点)的方法,对应于一般教科书中的弹性屈曲分析方法,例如,一个柱体结构的特征值屈曲分析的值与经典欧拉解相匹配。

要注意的是,实际的结构物往往是有初始缺陷的,因此其常常在未达到理论弹性屈曲强度时就发生屈曲破坏了,例如在均匀轴压作用下的圆柱壳,却在几分之一的线性屈曲载荷作用下就突然破坏了。此时依理论屈曲强度进行结构设计就不安全了,为此除会计算理论屈曲强度或特征值屈曲载荷值外,后续还应掌握非线性屈曲分析的知识。

线性屈曲是以小位移、小应变的线弹性理论为基础的,不考虑加载过程中结构位形的变化影响。分析中,分两个阶段。第一阶段,将在结构上加一组外载荷,然后计算相应的内力;第二阶段,应用第一阶段得到的内力计算微分刚度矩阵,然后进行稳定性分析。因其不能处理存在初始缺陷、偏心加载、初始扰动等非线性因素,而又有很大的局限性。不过其概念清晰,计算方便,因此掌握特征值屈曲计算方法还是非常必要的。一般通过特征值屈曲分析得到的结果可认为是屈曲载荷的上限,在进行非线性屈曲分析之前,可以利用线性屈曲分析对结构的屈曲模态有个初步的了解。另外,非线性屈曲分析中要引入初始缺陷(或初始扰动)才能继续,线性屈曲分析得到的模态变形图乘以一定的比例因子就可以作为非线性屈曲分析中的初始缺陷,这也是要研究线性屈曲分析的意义之一。

非线性屈曲考虑结构受载后位形的变化影响,可分析屈曲中的大位移、大应变、塑性等非线性行为,其基本分析方法是逐步地施加一个恒定的载荷增量直到解开始发散为止。

3.4　压杆的线性屈曲分析

3.4.1　问题描述

一宽高分别为 20 mm 和 30 mm 的矩形截面杆,长 2 000 mm,假设一端固支、一端自由,试用有限元法求其临界屈曲载荷。材料 $E = 2.0 \times 10^5$ MPa, $\mu = 0.3$。

根据欧拉临界载荷公式,其失稳载荷为 $2.467\,4 \times 10^3$ N。

3.4.2　采用 GUI 方式求解的步骤

1. 建立模型

(1) 定义工作文件名:Utility Menu > File > Change Jobname,弹出如图 3-1 所示的 Change Jobname 对话框,在 Enter new jobname 文本框中输入 buckle1,并将 New log and error files 复选框选为 YES,单击 OK 按钮。

(2) 定义工作标题:Utility Menu > File > Change Title,在出现的对话框中输入 Buckle of a pressure bar,如图 3-2 所示,单击 OK 按钮。

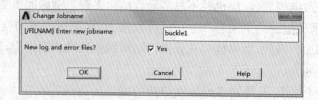

图 3-1　Change Jobname 对话框

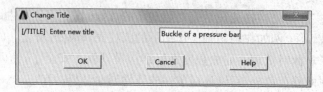

图 3-2　Change Title 对话框

（3）关闭三角坐标符号：Utility Menu > Plot ctrls > Windows Controls > Windows options，弹出一个对话框，在 Location of triad 下拉列表框中，选择 Not Shown，单击 OK 按钮。

（4）选择单元类型：Main Menu > Preprocessor > Element Type > Add/Edit/Delete，弹出如图 3-3 所示的 Element Types 对话框，单击 Add…按钮，弹出如图 3-4 所示的 Library of Element Types 对话框，在列表框中分别选择 Structural beam 和 3D finite strain 2 node 188，单击"OK"按钮。

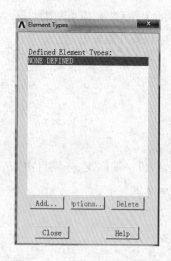

图 3-3　Element Types 对话框　　　　图 3-4　Library of Element Types 对话框

（5）设置材料属性：Main Menu > Preprocessor > Material Props > Material Models，弹出如图 3-5 所示的 Define Material Model Behavior 对话框，在 Material Model Available 列表框中，双击打开 Structural > Linear > Elastic > Isotropic，弹出如图 3-6 所示的 Linear Isotropic Properties for Material Number 1 对话框，在 Ex 文本框中输入 2e5，在 PRXY 文本框中输入 0.3，单击 OK 按钮，然后单击菜单栏上的 Material > Exit 选项，完成材料属性的

设置。

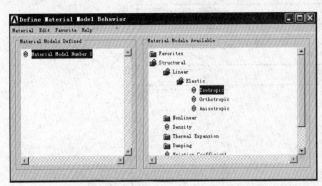

图 3-5　**Define Material Model Behavior** 对话框

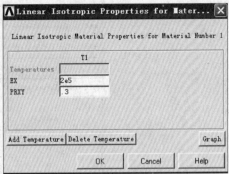

图 3-6　材料弹性常数输入框

（6）创建二维实体板：Main Menu>Preprocessor>Modeling>Create>Keypoints，依次建坐标值为(0,0,0)，(0,2000,0)的两个关键点，进而在 Create>Lines 中连接 1,2 两个关键点画一根线，弹出如图 3-7 所示的压杆的几何模型。

（7）定义截面参数，如图 3-8 所示。

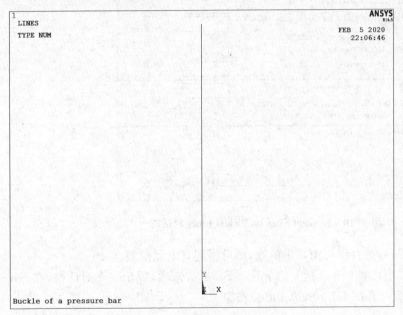

图 3-7　压杆的几何模型

图 3-8　定义截面参数

（8）划分网格：Main Menu > Preprocessor > Meshing > Mesh Attributes > Default Attrib 将弹出如图 3-9 所示的对话框，按 OK 按钮，关闭对话框；点击 Size Cntrls > ManualSize > Lines > Picked Lines，选中刚才建立的线模型，然后按图 3-10 所示进行设定，并单击 OK 按钮，退出网格设定对话窗口。

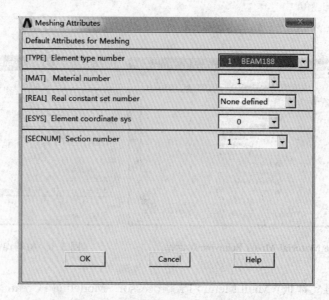

图 3-9 Default Attributes for Meshing 对话框

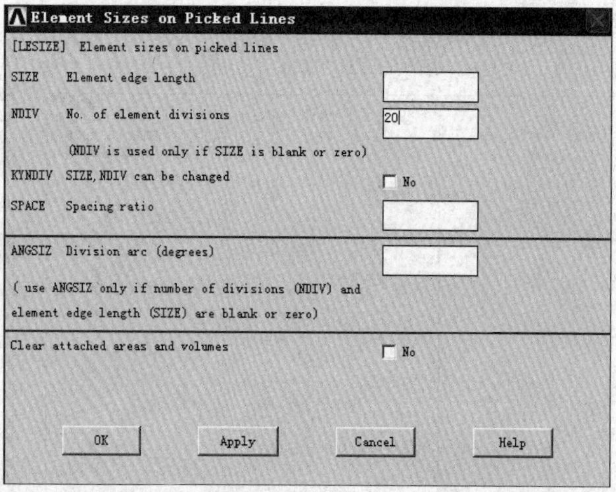

图 3-10 Element Sizes on Picked Lines 对话框

随后按 Mesh>Lines,选择图形窗口中的线,则可得到有限元模型。

(9) 保存有限元模型:单击菜单栏上的 Files>Save as 选项,弹出一个对话框,在 Save database to 文本框中输入 Buckle1. db,单击 OK 按钮。

2. 施加载荷

(1) 设定边界条件。Loads > Define Loads > Apply > Structural > Displacement > On Keypoints,此处选择关键点 1 设定固支边界条件。

(2) 选中关键点 2 施加大小为 1 N,方向为杆受压方向的集中力。

3. 求解

(1) 打开预应力开关:Main Menu > Solution > Analysis Type > Sol'n Controls,弹出如图 3-11 所示的对话框,勾选 Calculate prestress effects 按钮,单击 OK 按钮。

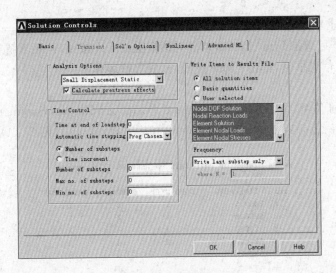

图 3-11　打开预应力开关

（2）求解：Main Menu > Solution > Solve > Current LS,弹出一个信息提示框和对话框，浏览完毕后单击 File > Close,单击对话框上的 OK 按钮，开始求解运算，当出现一个 Solution is done 信息框时，单击 Close 按钮，完成求解运算。

（3）特征值屈曲分析设定：Main Menu > Solution > Analysis Type > New Analysis,如图 3-12 所示。

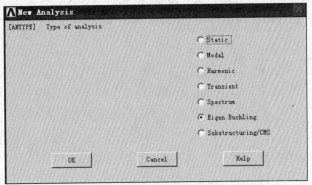

图 3-12　设定特征值屈曲分析

（4）定义模态扩展：Main Menu > Solution > Analysis Type > Analysis Options,如图 3-13 所示。

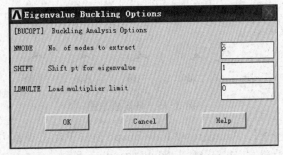

图 3-13　定义特征值屈曲选项

（5）特征值求解：Main Menu＞Solution＞Solve＞Current LS,弹出一个信息提示框和对话框,浏览完毕后单击 File＞Close,单击对话框上的 OK 按钮,开始求解运算,当出现一个 Solution is done 信息框时,单击 Close 按钮,完成求解运算。

4. 后处理

（1）查看特征值解：Main Menu＞General Postproc＞Results Summary。

可见临界失稳载荷为 2 469.5 N/mm（＝2 469.5×1 N/mm）（图 3-14）。

```
***** INDEX OF DATA SETS ON RESULTS FILE *****

SET    TIME/FREQ    LOAD STEP    SUBSTEP    CUMULATIVE
 1     2469.5          1            1           1
 2     5556.0          1            2           2
 3     22381.          1            3           3
 4     50319.          1            4           4
 5     63042.          1            5           5
```

图 3-14　特征值解

与理论解 2 467.4 相比,误差很小。

（2）查看失稳模态（读入,显示）。

① Main Menu＞General Postproc＞Read Results＞First Set。

② Main Menu＞General Postproc＞Plot Results＞Deformed Shape。

③ Main Menu＞General Postproc＞Read Results＞Next Set。

再执行②,然后循环即可得各阶模态图,如图 3-15 所示。

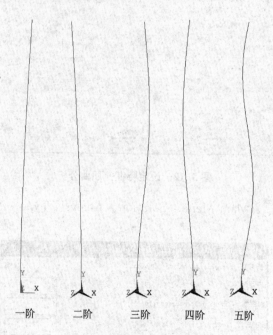

一阶　　二阶　　三阶　　四阶　　五阶

图 3-15　各阶模态图

另外,还可在 PlotCtrl＞Animate＞Mode Shape 窗口下动态观察失稳模态。

（3）查看相对应力分布（读入,显示；图 3-16）。

① Main Menu > General Postproc > Read Results > First Set。

② Main Menu > General Postproc > Plot Results > Contour Plot > Nodal Solution > DOF Solution > X-Component Displacement。

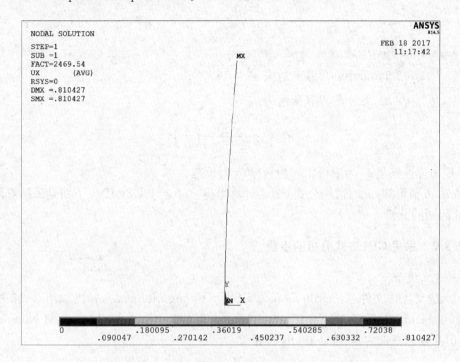

图 3-16　一阶失稳模态对应的相对应力分布云图

其他各阶模态对应相对应力云图也可在执行 Main Menu > General Postproc > Read Results > Next Set 操作后再执行②得到。

3.5　四边简支矩形板的弹性屈曲分析

3.5.1　问题描述

如图 3-17 所示,有一四边简支的矩形板,且 $a = 200\,\text{mm}$, $b = 40\,\text{mm}$,厚度 $t = 2\,\text{mm}$,材料参数 $E = 210\,\text{GPa}$, $\mu = 0.3$,两对边受到均匀压力作用。试分析其临界失稳载荷。

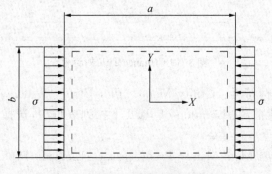

图 3-17　四边简支矩形板示意图

根据板壳力学可知,该四边简支矩形板的弹性屈曲载荷(应力):

$$\sigma_{cr} = \frac{\pi^2 D}{b^2 t} \left[\frac{mb}{a} + \frac{1}{\frac{mb}{a}} \right]^2 \qquad ①$$

式中,$m = 1, 2, 3, \cdots$。

当 $a/b \leqslant \sqrt{2}$ 时,最小临界载荷对应 $m = 1$;

当 $a/b > \sqrt{2}$ 时,最小临界载荷约为

$$\sigma_{cr} = \frac{\pi^2 E}{3(1-\mu^2)} \left(\frac{t}{b} \right)^2 \qquad ②$$

式中,E 为弹性模量;μ 为泊松比;t 为板厚;b 为板宽。

依 a,b 值可知,此时适用公式 ②,经计算可得:$\sigma_{cr} = 1\,898$ MPa。下面是采用有限元软件对此问题的分析。

3.5.2 采用 GUI 方式分析的步骤

1. 建立模型

(1) 定义工作文件名:Utility Menu > File > Change Jobname,弹出如图 3-18 所示的 Change Jobname 对话框,在 Enter new jobname 文本框中输入 buckle2,并将 New log and error files 复选框选为 Yes,单击 OK 按钮。

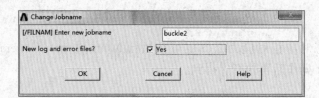

图 3-18 Change Jobname 对话框

(2) 定义工作标题:Utility Menu > File > Change Title,在出现的对话框中输入 Buckle analysis of a plate,如图 3-19 所示,单击 OK 按钮。

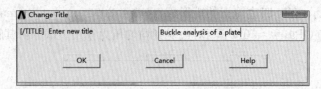

图 3-19 Change Title 对话框

(3) 关闭三角坐标符号:Utility Menu > Plot Ctrls > Windows Controls > Windows options,弹出一个对话框,在 Location of triad 下拉列表框中,选择 Not Shown,单击 OK 按钮。

(4) 选择单元类型:Main Menu > Preprocessor > Element Type > Add/Edit/Delete,弹

出如图 3-20 所示的 Element Types 对话框,单击 Add …按钮,弹出如图 3-21 所示的
Library of Element Types 对话框,在列表框中分别选择 Structural Shell 和 3D 4node 181,
单击 OK 按钮。

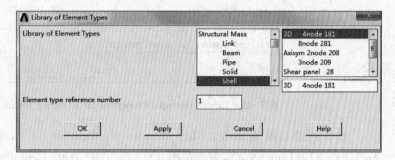

图 3-20 Element Type 对话框   图 3-21 Library of Element Types 对话框

(5)设置材料属性:Main Menu>Preprocessor>Material Props>Material Models,弹
出如图 3-22 所示的 Define Material Model Behavior 对话框,在 Material Models Available
列表框中,双击打开 Structural>Linear>Elastic>Isotropic,弹出如图 3-23 所示的 Linear
Isotropic Properties for Material Number 1 对话框,在 Ex 文本框中输入 2.1e5,在 PRXY
文本框中输入 0.3,单击 OK 按钮,然后单击菜单栏上的 Material>Exit 选项,完成材料属性
的设置。

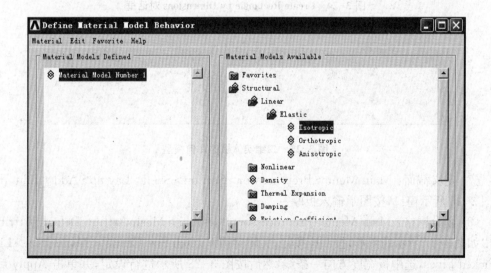

图 3-22 Define Material Model Behavior 对话框

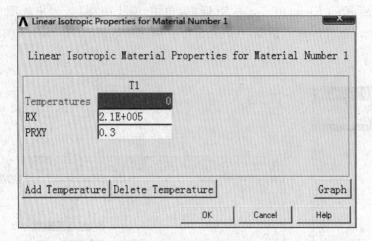

图 3-23　**Linear Isotropic Properties for Material Number 1 对话框**

（6）创建二维实体板：Main Menu > Preprocessor > Modeling > Create > Areas > rectangle > By Dimensions，弹出如图 3-24 所示的 Create Rectangle by Dimensions 对话框，按图示方式输入 x，y 的取值范围，然后单击 OK，则可形成如图 3-25 所示的二维实体板的几何模型。

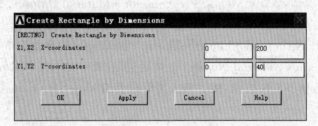

图 3-24　**Create Rectangle by Dimensions 对话框**

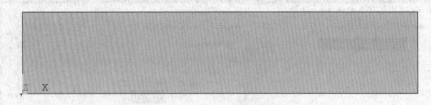

图 3-25　二维实体板的几何模型

（7）定义截面：Main Menu > Preprocessor > Section > Shell > Lay up > Add / Edit，出现如图 3-26 所示窗口，按图示输入板厚。

（8）划分网格：Main Menu > Preprocessor > Meshing > Mesh Attrib > Default Attrib 将弹出如图 3-27 所示的图形，按 OK 按钮，关闭对话框；点击 Size Cntrls > ManualSize > Lines > Picked Lines，选中板宽度方向一条线，然后按图 3-28 所示进行设定，并单击 Apply 后接着对长度方向的线段进行设定，譬如可分别设定分割数为 10 和 80 等，最后单击 OK 按钮，退出网格设定对话窗口。

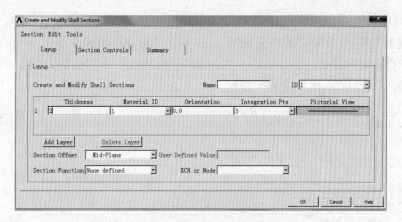

图 3-26 定义截面厚度

图 3-27 Default Attributes for Meshing 对话框

图 3-28 Element Sizes on Picked Lines 对话框

单击 Mesh>Areas>Mapped>3 or 4 sided，弹出 Mesh Areas 对话窗口，然后选择图形窗口中的板的几何体，则可得划分为如图 3-29 所示的板的有限元模型。

（9）保存有限元模型：单击 Files>Save as 选项，弹出一个对话框，在 Save database to 文本框中输入 buckle2.db，单击 OK 按钮。

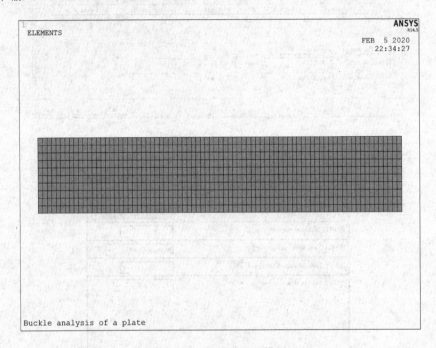

图 3-29　板的有限元模型

2. 施加载荷

（1）设定边界条件：Loads>Define Loads>Apply>Structural>Displacement>On Lines，此处选择 $x=200$ 线，$y=40$ 线，$x=0$ 线和 $y=0$ 线设定铰支边界条件。选中 $x=200$ 线后，按图 3-30 所示设定 $(Uz=0)$。

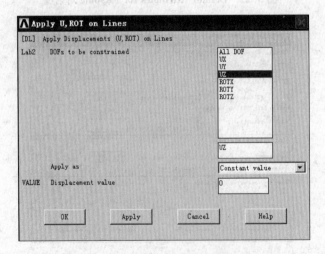

图 3-30　施加简支位移边界条件

(2) 选中 $y=40$ 线，$x=0$ 线以及 $y=0$ 线，设 $Uz=0$。

(3) 选中 $x=0$ 线，设 $Ux=0$。

(4) 选中 $y=0$ 线，设 $Uy=0$。

(5) 在 $x=0$，$x=200$ 线上施加大小为 1 N/mm 的分布力。

3. 求解

(1) 打开预应力开关：Main Menu>Solution>Analysis Type>Sol'n Controls，弹出如图 3-31 所示的对话框，勾选 Calculate prestress effects 按钮，单击 OK 按钮。

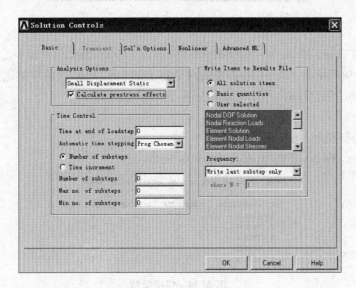

图 3-31　打开预应力开关

(2) 求解：Main Menu>Solution>Solve>Current LS，弹出一个信息提示框和对话框，浏览完毕后单击 File > Close，单击对话框上的 OK 按钮，开始求解运算，当出现一个 Solution is done 信息框时，单击 Close 按钮，完成求解运算。

(3) 特征值屈曲分析设定，如图 3-32 所示。

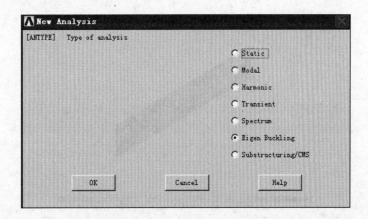

图 3-32　特征值屈曲分析设定

(4) 定义模态扩展，如图 3-33 所示。

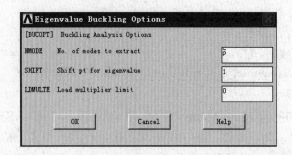

图 3-33　定义特征值屈曲选项

（5）特征值求解：Main Menu > Solution > Solve > Current LS，弹出一个信息提示框和对话框，浏览完毕后单击 File > Close，单击对话框上的 OK 按钮，开始求解运算，当出现一个"Solution is done"信息框时，单击 Close 按钮，完成求解运算。

4. 后处理

（1）查看特征值解（图 3-34）。

Main Menu > General Postproc > Results Summary

```
*****  INDEX OF DATA SETS ON RESULTS FILE  *****

SET    TIME/FREQ    LOAD STEP    SUBSTEP    CUMULATIVE
  1    3759.9           1           1           1
  2    3871.3           1           2           2
  3    3973.6           1           3           3
  4    4177.3           1           4           4
  5    4619.3           1           5           5
```

图 3-34　特征值解

可见临界失稳载荷为 $3\,759.9$ N/mm（$=3\,759.9 \times 1$ N/mm）。

与理论解 $1\,898 \times 2 = 3\,796$ N/mm 相比，误差为 0.95%。

（2）查看失稳模态（图 3-35—图 3-39）。

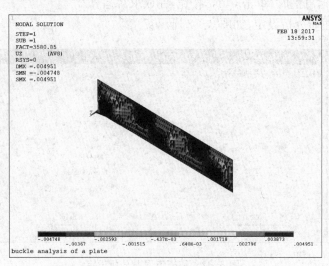

图 3-35　一阶模态图

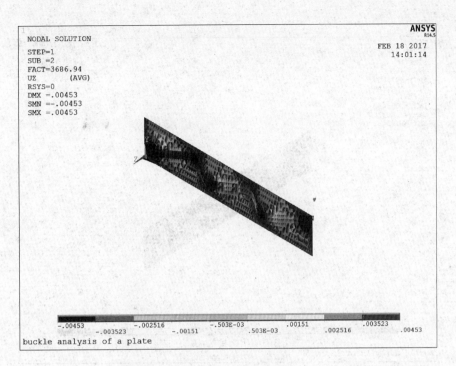

图 3-36　二阶模态图

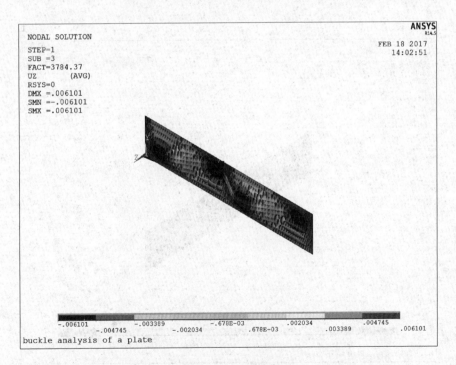

图 3-37　三阶模态图

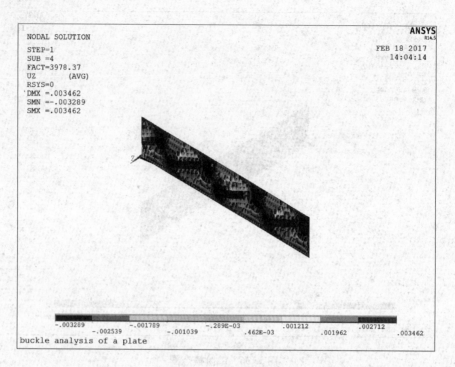

图 3-38　四阶模态图

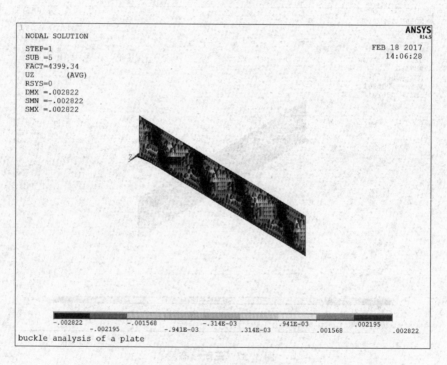

图 3-39　五阶模态图

作　业

1. 请用有限元分析以下边界条件下 3.4.1 节所述压杆的失稳载荷,并与材料力学解进行比较,完成分析报告:(1)一端固支,一端简支;(2)两端简支;(3)两端固支。

2. 请选择不同的网格尺寸、不同的边界条件设定,分析 3.5.1 节所述板的失稳问题,了解网格尺寸、边界条件对结果的影响规律,完成分析报告。

实验 4　结构动力学分析实践

4.1　实验目的

实际结构在动载荷作用下的响应(如位移、应力、加速度等的时间历程)分析是确定结构承受动载的能力以及结构动力特性所需的。有些同学未修过振动力学课程,关于结构动力学的知识非常有限,而进行结构设计常常离不开结构的动力分析,因此希望大家还是要学习一些结构动力学的基础知识,并能掌握利用有限元法分析结构动力学响应的方法。

动力学分析包括模态分析、谐响应分析、瞬态动力分析和谱分析等。模态分析用于确定结构的振动特性,即固有频率和振型,它们是动力学分析的重要参数。谐响应分析用于确定线性结构在承受随时间按正弦规律变化的荷载作用时的稳态响应,分析结构的持续动力特性。瞬态动力分析用于确定结构在承受任意随时间变化载荷作用时的动力响应,如冲击载荷和突加载荷等。谱分析是将模态分析的结果和已知谱如不确定载荷(如地震、风载、波浪、喷气推力等)结合,进而确定结构的动力响应。

4.2　实验内容

(1) 悬臂梁的自振频率和振型分析。
(2) 有预应力的吉他弦的谐响应分析。
(3) 简支钢梁支持集中质量系统瞬态动力学分析。
(4) 悬臂梁突加载荷的瞬态动力学分析。

4.3　结构动力学基础知识

在中学物理里大家已经初步学习过一些振动的知识,对机械振动、简谐运动、阻尼振动、受迫振动、共振等的概念,以及简谐运动的表征量,弹簧振子、单摆等单自由度系统的分析计算方法等都有一定的了解。

在大学物理学课程中进一步学习了机械振动的有关知识。在中学物理的基础上又讲到了简谐振动的合成和振动的谱等。

在理论力学的运动学和动力学部分,则介绍了单自由度的自由振动、阻尼振动、受迫振动,二自由度系统振动的方程、自由振动、阻尼振动、受迫振动,以及多自由度系统振动、自激振动、非线性振动等的概念。

我们把物体在一定位置附近所做的来回往复的运动称为机械振动。有关机械振动的知识是声学、地震学、建筑力学、机械原理、造船学等所必需的基础知识,也是光学、电学、交流电工学、无线电技术以及原子物理学等所不可缺少的基础。广义地说,任何一个物理量(如物体的位置矢量、电流、电场强度或磁场强度等)在某个定值附近反复变化的,都可称为振动。

振动和波动的关系密切,振动是产生波动的根源,波动是振动的传播。

运动状态完全重复一次所需的时间称为振动的周期,每秒内振动的次数称为频率。当然振动也可能是非周期性的,每次来回振动的时间是变化的;每次振动的幅度也可能是变化的。

振体(振动物体或物体系统)在受到初干扰(初位移或初速度)后,仅在系统的恢复力或力矩作用下,在其平衡位置附近所做的振动称为自由振动。

完全确定地描述振动系统在任一时刻全部质量的位置所需的独立几何(位移)参数或坐标的数目称为系统的自由度。空间自由质点的自由度数为3个。确定系统位置的独立参变量称为广义坐标。在系统只有几何约束的条件下,系统的自由度与广义坐标的数目相等。自由度数对于某一个结构来说并不是固定的,与依据当前感兴趣的主要内容做出的假定有关,如同样一个质点在平面内振动时其自由度是2,而不是3。

结构自由振动时的频率称为结构的自振频率。

振型是振体的一种固有特性。它与固有频率相对应,即为对应固有频率振体自身振动的形态。每一阶固有频率都对应一种振型。

振型与体系实际的振动形态不一定相同。

振型对应于频率而言,一个固有频率对应于一个振型。按照频率从低到高排列,依次将振型称为第一振型、第二振型等。以下知识点是应知晓的:

(1) 结构自振频率数=结构自由度数量;

(2) 每一个结构自振频率对应一个结构振型;

(3) 第一自振频率叫基频,对应第一振型;

(4) 结构每一振型表示结构各质点的一种运动特性:各质点之间的位移和速度保持固定比值;

(5) 要使结构按某一振型振动,条件是:各质点之间的初位移和初速度的比值应具有该振型的比值关系;

(6) 根据多质点体系自由振动运动微分方程的通解,在一般初始条件下,结构的振动是由各主振型的简谐振动叠加而成的复合振动;

(7) 因为振型越高,阻尼作用造成的衰减越快,所以高振型只在振动初始才比较明显,以后则逐渐衰减,因此,建筑抗振设计中仅考虑较低的几个振型。

手拿一根细长竹竿,慢悠悠来回摆动,竹竿形状呈现为第一振型;如果稍加大摆动频率,竹竿形状将呈现第二振型;如果再加大摆动频率,竹竿形状将呈现第三、第四……振型。从而形象地可知:第一振型很容易出现,高频率振型要很费力(即输入更多能量)才能使其出现;能量输入供应次序优先给低频率振型,从而可以理解为什么结构抗震分析只取前几个振型就能满足要求。

模态分析是研究结构动力特性的一种近代方法。模态是机械结构的固有振动特性,每一个模态具有特定的固有频率、阻尼比和模态振型。这些模态参数可以由计算或试验分析取得,这样一个计算或试验分析过程称为模态分析。这个分析过程如果是由有限元计算的方法取得的,则称为计算模态分析;如果通过试验将采集的系统输入与输出信号经过参数识别获得模态参数,称为试验模态分析。

计算模态分析主要用于确定结构的固有频率和振型。固有频率和振型是承受动态载荷结构设计中的重要参数,同时也是进行其他动力学分析的起点。例如模态分析是进行瞬态动力学分析、模态叠加法谐响应分析和谱分析所必需的前期分析过程。

谐响应分析用于确定线性结构在承受随时间按正弦(简谐)规律变化的载荷时的稳态响应,分析过程中只计算结构的稳态受迫振动,不考虑激振开始时的瞬态振动,谐响应分析的目的在于计算出结构在几种频率下的响应值(通常是位移)对频率的曲线,从而使设计人员能预测结构的持续性动力特性,验证设计是否能克服共振、疲劳以及其他受迫振动引起的有害效果。

谐响应分析的输入为:(i)已知大小和频率的谐波载荷(力、压力或强迫位移);(ii)同一频率的多种载荷,可以是同相或是不同相的。

谐响应分析的输出为:(i)每一个自由度上的谐位移,通常和施加的载荷不同相;(ii)其他多种导出量,例如应力和应变等。

谐响应分析可采用完全法、缩减法、模态叠加法求解。当然,视谐响应分析为瞬态动力学分析的特例,将简谐载荷定义为时间历程的载荷函数,采用瞬态动力学分析的全套方法求解也是可以的,但需要花费较长的计算时间。

瞬态动力学分析(亦称时间历程分析)是用于确定承受任意的随时间变化载荷结构的动力学响应的一种方法。可以用瞬态动力学分析确定结构在稳态载荷、瞬态载荷和简谐载荷的随意组合作用下随时间变化的位移、应变、应力及力。载荷和时间的相关性使得惯性力和阻尼作用比较重要。如果惯性力和阻尼作用不重要,就可以用静力学分析代替瞬态分析。

谱分析是一种将模态分析结果和已知谱联系起来的计算结构响应的分析方法,主要用于确定结构对随机载荷或随时间变化载荷的动力响应。谱分析可分为时间-历程分析和频域的谱分析。时间-历程分析主要应用瞬态动力学分析。谱分析可以代替费时的时间-历程分析,主要用于确定结构对随机载荷或时间变化载荷(地震、风载、海洋波浪、喷气发动机推力、火箭发动机振动等)的动力响应情况。谱分析的主要应用包括核电站(建筑和部件),机载电子设备(飞机/导弹),宇宙飞船部件、飞机构件,任何承受地震或其他不规则载荷的结构或构件,建筑框架和桥梁等。

响应谱代表系统对一个时间-历程载荷函数的响应,是一个响应和频率的关系曲线。其中响应可以是位移、速度、加速度、力等。

谱是谱值(位移、速度、加速度、力等值)和频率的关系曲线,反映了时间-历程载荷的强度和频率之间的关系。

4.4　悬臂梁的自振频率和振型分析实践

4.4.1　问题描述

一根等截面悬臂梁的截面尺寸为 $b \times h = 0.2\,\text{m} \times 0.3\,\text{m}$，跨度 $L = 6\,\text{m}$，质量密度 $\rho = 7\,800\,\text{kg/m}^3$，弹性模量 $E = 2.1 \times 10^{11}\,\text{Pa}$，则其前三阶频率的理论解为

$$f_1 = \frac{1.875^2}{2\pi}\sqrt{\frac{EI}{mL^4}}, \quad f_2 = \frac{4.694^2}{2\pi}\sqrt{\frac{EI}{mL^4}}, \quad f_3 = \frac{7.855^2}{2\pi}\sqrt{\frac{EI}{mL^4}}$$

其中，$\overline{m}$ 为单位长度质量。将已知数据代入上式可得理论解为

$$f_1 = 6.984\,\text{Hz}, \quad f_2 = 43.772\,\text{Hz}, \quad f_3 = 122.575\,\text{Hz}$$

现要求改用有限元法进行分析。

4.4.2　分析指点

(1) 单元可选 beam188，也可选 beam189 单元(同梁的静力分析)。

(2) 定义截面参数(同梁的静力分析)。

(3) 定义材料属性时，记住要同时定义材料的密度(要特别注意量纲的统一，当模型采用 N、m、s 制时，密度单位为 kg/m³；当模型采用 N、mm、s 制时，密度单位当换算为 T/mm³)。

(4) 求解时，需定义求解选项。

选择模态分析，执行 Solution>Analysis Type>New Analysis，并按图 4-1 设置。

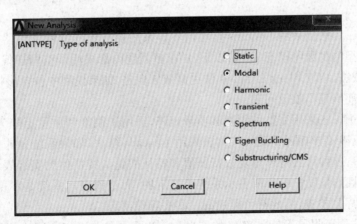

图 4-1　选择模态分析

定义分析选项，执行 Solution>Analysis Type>Analysis Options，将打开如图 4-2 所示的窗口。

在图 4-2 中首先需选择模态提取法的具体方法。从图中可知模态提取法有 Block Lanczos 法、PCG Lanczos 法、Unsymmetric 法、Damped 法、QR Damped 法、Supernode 法

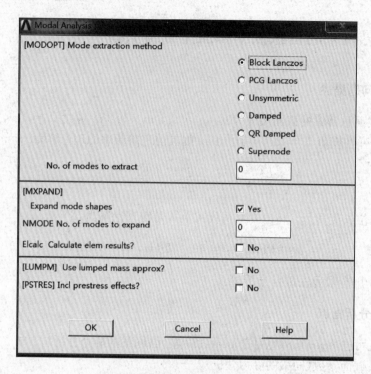

图 4-2　模态分析选项设置窗口

等。这些方法都代表什么意思？有什么不同？

Block Lanczos 法可译为分块兰索斯法，其是缺省求解器，采用 Lanczos 算法，具体是用一组向量来实现 Lanczos 递归计算。这种方法和子空间法一样精确，但速度更快。无论 EQSLV 命令指定过何种求解器进行求解，Block Lanczos 法都将自动采用稀疏矩阵方程求解器。

PCG Lanczos 法仍采用 Lanczos 算法但不再采用稀疏矩阵方程求解器，对自由度超过几百万的大模型的少数阶模态（20 阶以下）的求解问题内部采用子空间迭代计算，迭代求解器为 PCG 缩减法，相较 Block Lanczos 法更高效。但是，如果模型中包含形状较差的单元或病态矩阵时可能出现不收敛问题。

Unsymmetric 法采用完整的刚度和质量矩阵，适用于刚度和质量矩阵为非对称的问题（例如声学中流体-结构耦合问题）。此法采用 Lanczos 算法，如果系统是非保守的（例如轴安装在轴承上），这种算法将解得复数特征值和特征向量。特征值的实部表示固有频率，虚部是系统稳定性的量度——负值表示系统是稳定的，而正值表示系统是不稳定的。该方法不进行 Sturm 序列检查，因此有可能遗漏一些高频端模态。

Damped 法用于阻尼不能被忽略的问题，如转子动力学研究。该法使用完整矩阵（刚度、质量及阻尼矩阵）。阻尼法采用 Lanczos 算法并计算得到复数特征值和特征向量。此法不能用 Sturm 序列检查。因此，有可能遗漏所提取频率的一些高频端模态。

QR Damped 法采用缩减模态阻尼矩阵进行计算模态坐标系中的复阻尼频率，因此比阻尼法计算速度快、效率高。

对于非对称法和阻尼法，应当提取比必要的阶数更多的模态以降低丢失模态的可能性。

　　Supernode 法即超节点法,其可在超节点处把原来的刚度和质量矩阵分开成为较小的矩阵,从而使可能在台式机上计算较大规模的问题,当计算的模态数较大时如超过 200 阶模态时,用此方法颇为有效。

　　此处我们可选缺省值,即采用 Block Lanczos 法。

　　接着需要指定要提取的模态数(No. of modes to extract)。

　　MXPAND 命令定义模态扩展数目、频率范围、单元计算控制等。该选项虽只在采用缩减法、非对称法和阻尼法时要求设置,但如果要得到完整的振型,不管采用何种方法,都要设置该项。如果想得到单元求解结果,则不论采用何种模态提取方法都需设置 Elcalc=Yes,模态中的应力并不代表结构中的实际应力,而只是给出一个各阶模态之间相对的应力分布的概念,缺省为不计算应力。在用单点响应谱分析和动力学分析方法中,模态扩展可能要放在谱分析之后,可用 EXPASS 设置不扩展。

　　命令 LUMPM 定义质量矩阵公式,缺省为一致质量矩阵。在大多数应用中可采用一致质量矩阵,但对于细长梁或非常薄的壳等,采用集中质量矩阵近似可产生较好的效果。

　　命令 PSTRES 用于确定是否考虑预应力效应的影响,缺省时不包括预应力效应,即结构是处于无应力状态。如希望包含预应力效应的影响,则必须先进行静力学或瞬态分析生成单元文件。如果预应力效应选项是打开的,同时要求当前及随后的求解过程中质量矩阵的设置应和静力分析中质量矩阵的设置必须一致。

　　在有阻尼的模态提取法中应设置阻尼选项,在其他模态提取法中不必设置阻尼项。如果在模态分析后将进行单点响应谱分析,则可在无阻尼模态分析中指定阻尼,虽然阻尼并不影响特征值解,但它将被用于计算每个模态的有效阻尼比,此阻尼比将用于计算谱产生的响应。

　　(5)模态分析的结果。

　　模态分析的结果被写入结果文件 Jobname. RST 中,包括固有频率、振型和相对应力分布。

　　在 Results summary 中可查看频率计算结果;本例计算结果如图 4-3 所示。

```
*****  INDEX OF DATA SETS ON RESULTS FILE  *****

SET    TIME/FREQ    LOAD STEP    SUBSTEP    CUMULATIVE
 1     4.6535           1           1           1
 2     6.9725           1           2           2
 3     29.163           1           3           3
 4     43.411           1           4           4
 5     81.822           1           5           5
```

图 4-3　本例计算结果

　　另还可在 read results 中选择要查看的模态(一个载荷步对应一阶模态,一般第一步对应一阶模态;第二步对应二阶模态,依此类推);选定载荷步后,可在 plot results 中画模态图;也可在 plotCtrls 中选择 animate>mode shape 中动态显示其振动模态。如果设置希望得到单元求解结果,则也可在后处理时查看单元或节点的计算结果。

　　图 4-4 给出的是该问题的第五阶模态图。图 4-5 给出的是相应于第五阶模态各点处的应力相对分布情况图。

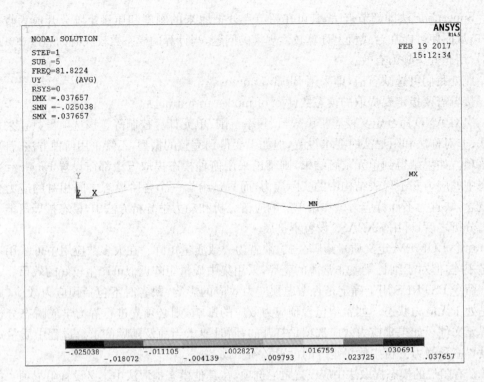

图 4-4　第五阶模态图

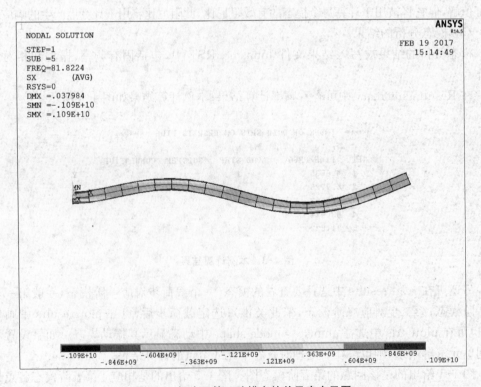

图 4-5　相应于第五阶模态的单元应力云图

4.5　有预应力的吉他弦的谐响应分析实践

4.5.1　问题描述

本算例取自 ANSYS 校验手册(Verification Manual)中第 76 个分析案例。可在 Help 中点击 help topics,并输入 VM76 搜索找到。

该吉他弦长为 710 mm,直径为 0.254 mm,在承受拉伸载荷 $F_1 = 84$ N 后被紧绷在两个刚性支点间。在弦的 1/4 长度处以力 $F_2 = 1$ N 弹击此弦,如图 4-6 所示。试对吉他弦进行谐响应分析。

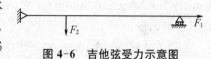

图 4-6　吉他弦受力示意图

吉他弦材料参数为:弹性模量 $E = 190$ GPa,密度 $\rho = 7\,920$ kg/m^3。

4.5.2　分析步骤

该问题属于有预应力的谐响应分析问题。在分析过程中取弹击力的频率范围为 0~2 000 Hz,选择频率间隔为 250 Hz,以观察吉他弦在前几个固有频率处的响应。

整个分析过程分为建模、求预应力、求模态、进行谐响应分析等四个阶段。

1. 第一阶段:建模

第一步:定义工作文件名和工作标题。

(1) 选择 Utility Menu > file > Change Jobname 定义工作文件名(ex4-2Q)。

(2) 选择 Utility Menu > file > Title 设置工作标题(Harmonic Response of a Guitar String)。

第二步:定义单元类型。

(1) 选择 Main Menu > Preprocessor > Element Type > Add/Edit/Delete 命令,弹出 Element Type 对话框,单击 Add 按钮,弹出 Library of Element Types 对话框,在列表框中分别选择 Structural Link 和 3D finit stn 180,在 Element type reference number 输入栏中输入 1,单击 OK 按钮,关闭对话框。

(2) 定义截面属性。选择菜单 Main Menu:Preprocessor > Section > Link > Add,弹出 Add Link Section 对话框,在输入框中输入 1,点击 OK。进入下一级对话框,在 Section Name 输入框中输入 Link,在 Link area 输入框中输入 0.05067,如图 4-7 所示。点击 OK 按钮完成横截面积的设定。

A Add or Edit Link Section	
[SECTYPE] Add Link Section 1	
Section Name	Link
[SECDATA] Section Data	
Link area	0.05067
[SECCONTROL] Section control	
Added Mass (Mass/Length)	0
Tension Key	Tension and Compression
OK　　Apply　　Cancel　　Help	

图 4-7　定义截面属性

第三步：设置材料属性。

（1）点击 Main Menu > Preprocessor > Material Props > Material Models，弹出 Define Material Model Behavior 对话框，在 Material Model Available 列表框中，双击打开 Structural > Linear > Elastic > Isotropic，弹出 Linear Isotropic Properties for Material Number 1 对话框，在 Ex 文本框中输入 1.9e5，在 PRXY 文本框中输入 0.25，单击 OK 按钮关闭该对话框。

（2）在 Material Model Available 列表框中，依次双击 Structural，Density 选项，出现 Density for Material Number 1 对话框，在 Density 输入栏中输入 7.92e−9，单击 OK 按钮关闭该对话框。

（3）在 Define Material Model Behavior 对话框上选择 Material>Exit 选项，完成材料属性的设置，关闭该对话框。

第四步：此处采用直接建模法完成有限元模型的创建（也可先建几何模型再划网）。

（1）选择 Main Menu>Preprocessor>Modeling>Create>Nodes>In Active CS 命令，出现 Create Nodes In Active Coordinate System 对话框，在 NODE 输入栏中输入 1，在 X，Y，Z Location in Active CS 输入栏中分别输入 0，0，0。单击 Apply 按钮，在 Node number 输入栏中输入 31，在 X，Y，Z Location in Active CS 输入栏中分别输入 710，0，0。单击 OK 按钮关闭该对话框。

（2）选择 Main Menu>Preprocessor>Modeling>Create>Nodes>Fill between Nds 命令，出现 Fill between Nds 拾取菜单，在输入栏中输入 1，31，单击 OK 按钮，出现 Create Nodes Between 2 Nodes 对话框，参考图 4-8 进行设置，单击 OK 按钮关闭该对话框。

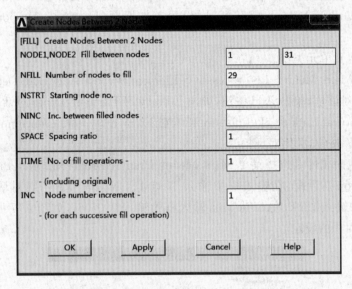

图 4-8　在 2 节点间生成节点对话框

（3）选择 Main Menu > Preprocessor > Modeling > Create > Elements > Auto Numbered>Thru Nodes 命令，出现 Elements from Nodes 拾取菜单，在输入栏中输入 1，2，单击 OK 按钮关闭该对话框。

（4）选择 Main Menu>Preprocessor>Modeling>Copy>Elements>Auto Numbered 命

令,出现 Copy Elems Auto-Num 拾取菜单,在输入栏中输入 1,单击 OK 按钮,出现 Copy Elements(Automatically-Numbered)对话框,参照图 4-9 对其进行设置,单击 OK 按钮关闭该对话框。

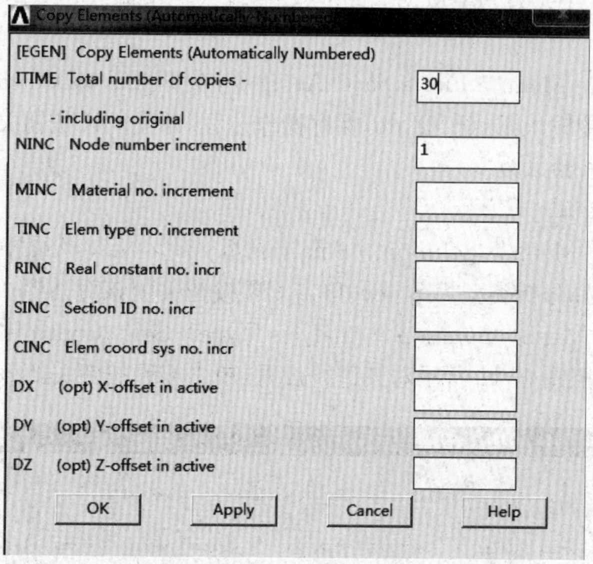

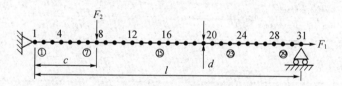

图 4-9   单元复制选项设置对话框

(5) 选择 Utility Menu>Plot>Elements 命令,ANSYS 显示窗口显示生成的有限元模型,如图 4-10 所示。

图 4-10   有限元模型

(6) 选择 Main Menu > Preprocessor > Loads > Define Loads > Apply > Structural > Displacement>On Nodes 命令,出现 Apply U,ROT on Nodes 拾取菜单,在输入栏中输入 1,单击 OK 按钮,出现 Apply U,ROT on Nodes 对话框,在 Lab2 DOFs to be constrained 列表框中选择 All DOF,在 VALUE Displacement value 输入栏中输入 0,单击 OK 按钮关闭该对话框。

(7) 选择 Main Menu > Preprocessor > Loads > Define Loads > Apply > Structural > Displacement>On Nodes 命令,出现 Apply U,ROT on Nodes 对话框,在第 4 栏中输入 2, 31,1,单击 OK 按钮,出现 Apply U,ROT on Nodes 对话框,在 Lab2 DOFs to be constrained 列表框中选择 Uy,在 VALUE Displacement value 输入栏中输入 0,单击 OK 按钮关闭该对话框。

（8）选择 Main Menu > Preprocessor > Loads > Define Loads > Apply > Structural > Force/Moment > On Nodes 命令，出现 Apply F/M on Nodes 拾取菜单，在输入栏中输入 31，单击 OK 按钮，出现 Apply F/M on Nodes 对话框，在 Lab Direction of force/mom 下拉选框中选择 Fx，在 VALUE Force/Moment value 输入栏中输入 84，单击 OK 按钮关闭该对话框。

（9）选择 Utility Menu > File > Save As 命令，出现 Save Database 对话框，在 Save Database to 输入栏中输入 Ex4-2Q. db，保存操作过程，单击 OK 按钮关闭该对话框。

2. 第二阶段：求预应力

第五步：加载求解。

（1）选择 Main Menu > Solution > Analysis Type > New Analysis 命令，出现 New Analysis 对话框，选择分析类型为 Static，单击 OK 按钮关闭该对话框。

（2）选择 Main Menu > Solution > Analysis Type > Sol's Controls 命令，出现 Solution Controls 对话框，参照图 4-11 所示对其进行设置，单击 OK 按钮关闭该对话框。

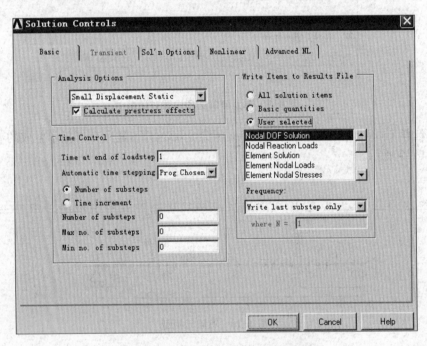

图 4-11　求解控制基本选项设置对话框

（3）选择 Main Menu > Solution > Solve > Current LS 命令，出现 Solve Current Load Step 对话框，单击 OK 按钮，ANSYS 开始求解计算。求解结束时，出现 Note 提示框，单击 Close 按钮关闭该对话框。

（4）选择 Main Menu > Finish 命令。

3. 第三阶段：求模态

（5）选择 Main Menu > Solution > Analysis Type > New Analysis 命令，出现 New Analysis 对话框，选择分析类型为 Model，单击 OK 按钮关闭该对话框。

（6）选择 Main Menu > Solution > Analysis Type > Analysis Options 命令，出现 Model

Analysis 对话框,参照图 4-12 对其进行设置,单击 OK 按钮,出现 Subspace Modal Analysis 对话框,采用其默认设置,单击 OK 按钮关闭该对话框。

(7) 选择 Main Menu>Solution>Define Loads>Delete>Structural>Displacement>On Nodes 命令,出现 Apply U,ROT on Nodes 对话框,在第 4 栏中选择 Min, Max, Inc,在输入栏中输入 2,30,1,单击 OK 按钮,出现 Delete Node Constraints 对话框,在 Lab DOFs to be deleted 下拉选框中选择 Uy,单击 OK 按钮关闭该对话框。

(8) 选择 Main Menu > Solution > Solve > Current LS 命令,出现 Solve Current Load Step 对话框,单击 OK 按钮,ANSYS 开始求解计算。求解结束时,出现 Note 提示框,单击 Close 按钮关闭该对话框。

(9) 选择 Main Menu > Finish 命令。

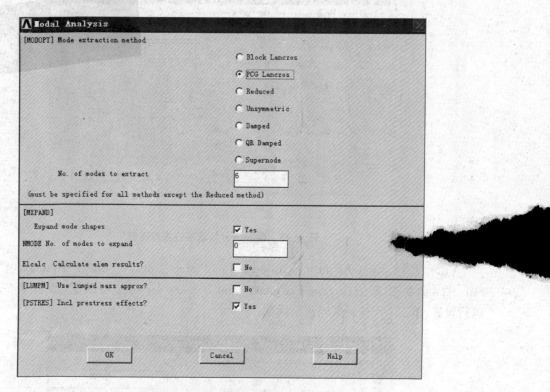

图 4-12　模态分析属性设置对话框

4. 第四阶段:进行谐响应分析

(10) 选择 Main Menu > Solution > Analysis Type > New Analysis 命令,出现 New Analysis 对话框,选择分析类型为 Harmonic,单击 OK 按钮关闭该对话框。

(11) 选择 Main Menu > Solution > Analysis Type > Analysis Options 命令,出现 Harmonic Analysis 对话框,在[HROPT] Solution method 下拉选框中选择 Mode Superpos'n,在[HROUT]DOF printout format 下拉选框中选择 Amplitud+phase,如图 4-13(a)所示,单击 OK 按钮。出现 Mode Sup Harmonic Analysis 对话框,在[HROPT] Maximum mode number 输入栏中输入 6,如图 4-13(b)所示,单击 OK 按钮关闭该对话框。

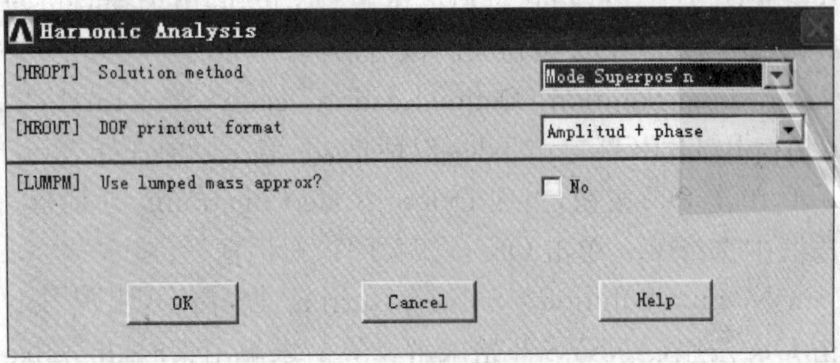

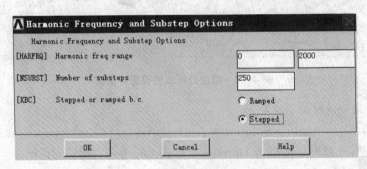

图 4-13 谐响应分析选项设置对话框

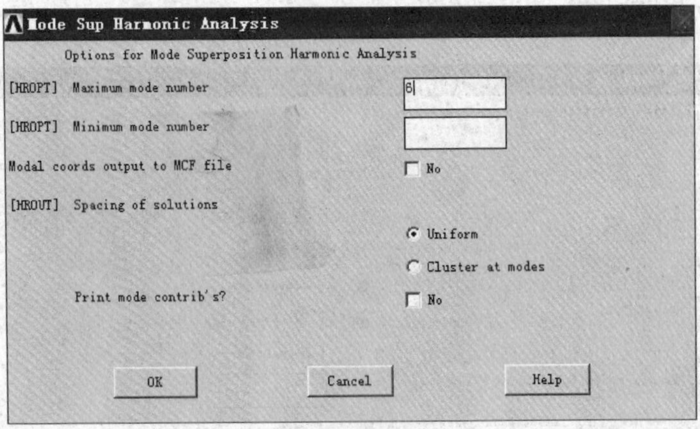

（12）选择 Main Menu > Solution > Load Step Opts > Time/Frequenc > Freq and Substeps 命令，出现 Harmonic Frequency and Substep Options 对话框，参照图 4-14 对其进行设置，单击 OK 按钮关闭该对话框。

图 4-14 频率和子步数设置对话框

（13）选择 Main Menu > Solution > Define Loads > Delete > Structural > Force/Moment > On Nodes 命令，出现 Apply F/M on Nodes 拾取菜单，在输入栏中输入 31，单击 OK 按钮，出现 Delete F/M on Nodes 对话框，在 Lab Force/Moment to be deleted 下拉选框中选择 FX，单击 OK 按钮关闭该对话框。

（14）选择 Main Menu＞Solution＞Define Loads＞Apply＞Structural＞Force/Moment＞On Nodes 命令，出现 Apply F/M on Nodes 拾取菜单，在输入栏中输入 8，单击 OK 按钮，出现 Apply F/M on Nodes 对话框，在 Lab Direction of Force/Moment 下拉选框中选 FY，在 Force/Moment value 输入栏中输入－1，单击 OK 按钮关闭该对话框。

（15）选择 Main Menu＞Solution＞Solve＞Current LS 命令，出现 Solve Current Load Step 对话框，单击 OK 按钮，ANSYS 开始求解计算。求解结束时，出现 Note 提示框，单击 Close 按钮关闭该对话框。

（16）选择 Main Menu＞Finish 命令。

（17）选择 Utility Menu＞File＞Save As 命令，出现 Save Database 对话框，在 Save Database to 输入栏中输入 Ex4-2Q. db，保存操作过程，单击 OK 按钮关闭该对话框。

第六步：查看求解结果。

（1）选择 Main Menu＞TimeHist Postproc＞Settings＞File 命令，出现 File Settings 对话框，参照图 4-15 对其进行设置，单击 OK 按钮关闭该对话框。

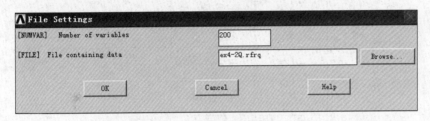

图 4-15　拾取结果文件对话框

（2）选择 Main Menu＞TimeHist Postpro＞Define Variables 命令，出现 Defined Time-History Variables 对话框，单击 Add 按钮，出现 Add Time-History Variables 对话框，选择 Nodal DOF Result，单击 OK 按钮，出现 Define Nodal Data 拾取菜单，在输入栏中输入 16，单击 OK 按钮，出现 Define Nodal Data 对话框，参照图 4-16 对其进行设置，单击 OK 按钮关闭该对话框。

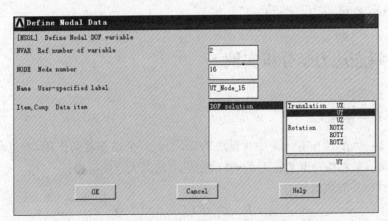

图 4-16　定义节点数据对话框

（3）单击 Defined Time-History Variables 对话框中的 Close 按钮，关闭该对话框。

（4）选择 Utility Menu > PlotCtrls > Style > Graphs > Modify Axes 命令，出现 Axes Modification for Graph Plots 对话框，在［/AXLAB］Y-Axis lable 输入栏中输入 AMPL，单击 OK 按钮关闭该对话框。

（5）选择 Main Menu > TimeHist Postproc > Graph Variables 命令，出现 Graph Time-History Variables 对话框，在 NVARI 1st variable to graph 输入栏中输入 2，单击 OK 按钮，ANSYS 显示窗口将显示长杆的位移时间响应曲线，如图 4-17 所示。

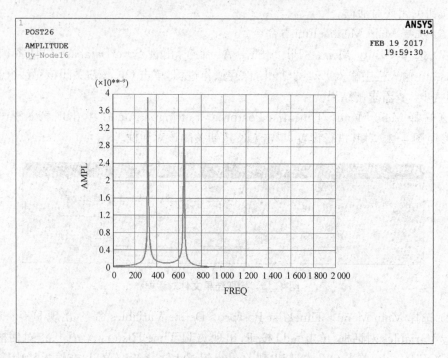

图 4-17　吉他弦的谐响应曲线

（6）选择 Utility Menu>File>Exit 命令，出现 Exit from ANSYS 对话框，选择 Quit-No Save!，单击 OK 按钮，关闭 ANSYS。

4.6　瞬态动力学分析实例

4.6.1　问题描述

如图 4-18 所示，垮中有一集中质量块的梁，受到一个动态载荷作用，若忽略梁的自重，试计算梁的最大位移响应和对应时间，并确定梁上的最大弯曲应力。

分析中材料参数取值如下：
$$m = 4\,536.8\ \text{kg}, \quad E = 2.068\,5 \times 10^{11}\ \text{N/m}^2, \quad \mu = 0.25$$

几何参数：
$$b = 0.127\ \text{m}, \quad h = 0.315\,8\ \text{m}, \quad L = 6.096\ \text{m}$$

施加载荷：

$$F_1 = 20 \text{ kips} = 88.96 \times 10^3 \text{ N}$$
$$t_r = 0.075 \text{ s}$$

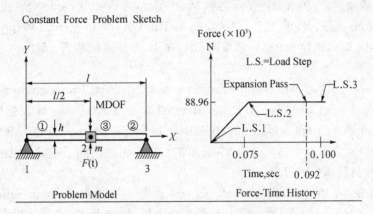

图 4-18　瞬态动力学分析实例示意图

4.6.2　求解步骤

（1）定义工作文件名：Utility Menu > File > Change Jobname，弹出如图 4-19 所示的 Change Jobname 对话框，在 Enter new jobname 文本框中输入 transient response，并将 New log and error files? 复选框选为 Yes，单击 OK 按钮。

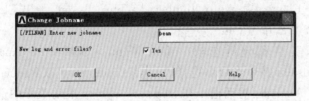

图 4-19　Change Jobname 对话框

（2）定义工作标题：Utility Menu > File > Change Title，在出现的对话框中输入 Analysis of transient response to a constant force with a finite rise time，如图 4-20 所示，单击 OK 按钮。

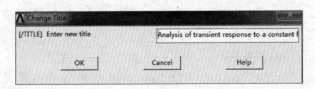

图 4-20　Change Title 对话框

（3）选择单元类型：Main Menu > Preprocessor > Element Type > Add/Edit/Delete，弹出 Element Type 对话框，单击 Add 按钮，弹出 Library of Element Types 对话框，在列表框中分别选择 Structural beam 和 2 node 188，单击 Apply 按钮；在左侧的滚动框中选择 Structural mass，在右侧的滚动框中选择 3D mass21；单击 OK，退至上一窗口，选中 mass21，

然后再打开 options,在 Rotary inertia 选项滚动框中,选择 2-D w/o rot iner,单击 OK,关闭 Element Types 对话框。

(4) 定义截面参数/实常数:选择菜单 Main Menu > Preprocessor > Sections > Beam > Common Sections,输入 B=0.127,H=0.315 8,单击 OK;Main Menu > Preprocessor > Real Constants,单击 Add,选择 mass21,并单击 OK,在 2-D mass 域输入 4 536.8,单击 OK;单击 Close。

(5) 设置材料属性:Main Menu > Preprocessor > Material Props > Material Models,在 Define Material Model Behavior 对话框,Material Model Available 列表框中,双击打开 Structural > Linear > Elastic > Isotropic,在 Linear Isotropic Properties for Material Number 1 对话框中,在 Ex 文本框中输入 206.85e9,单击 OK 按钮,然后单击菜单栏上的 Material > Exit 选项,完成材料属性的设置。

(6) 定义节点:在 Creat > Nodes > in active CS 中,弹出 creat in active coordinate system 中,在 node number 一栏中输入 1,单击 Apply;在 node number 一栏中输入 3,在 x,y,z 坐标域中输入 240,0,0,单击 OK;单击 fill between Nds,在绘图区域选中节点 1,3,单击 OK,使用默认设置并单击 OK。

(7) 定义单元:Main Menu > Preprocessor > Modeling > Create > Elements > Auto Numbered > Thru Nodes,弹出 Elements from Nodes 拾取对话框,选中节点 1 和 2,单击 Apply;选中 2 和 3,单击 OK。选择 Elem Attributes,在 Mass21 Element type number 一栏中输入 2;在 Real constant set No. 中输入 1,单击 OK;选择 Main Menu > Preprocessor > Modeling > Create > Elements > Auto Numbered > Thru Nodes,弹出 Elements from Nodes 拾取对话框,选中节点 2,单击 OK。

(8) 定义分析类型和分析选项:Main Menu > Solution > Analysis Type > New Analysis,选择 Transient 并单击 OK;选择 Analysis options,选取 Reduced 并单击 OK,弹出 Reduced Transient Analysis 对话框。在 Damping effects 滚动菜单中选中 Ignore,并单击 OK。在弹出的 Translent Analysis 窗口中,Solution method 选择 Full。

(9) 定义主自由度:选择 Main Menu > Solution > MASTER Dofs > User selected define,弹出 Define Master DOFs 拾取对话框;选中节点 2 并单击 OK,弹出又一窗口;在 1st degree of freedom 下拉菜单中选中 Uy,单击 OK。

(10) 设置载荷步选项:选择菜单路径,Main Menu > Solution > Load StepOpts- Time/Frequenc > Time-TimeStep,弹出 Time and Time Step Options 对话框,在 Time Step Size 一栏中输入 0.004,并单击 OK。

(11) 对第一载荷步施加载荷:

① 单击 Loads > Apply > Structural > Displacement > On Nodes,弹出 U,ROT on Nodes 对话框,选中节点 1,并单击 Apply,弹出 U,ROT on Nodes 对话框,选择 Uy 并单击 Apply;选中节点 3,并单击 OK,弹出 U,ROT on Nodes 对话框,选择 Ux 并单击取消 Uy,单击 OK。

② 单击 Loads > Apply > Structural > Force/Moment > On Nodes,选中节点 2 并单击 OK,弹出 ApplyF/M on Nodes 拾取菜单。在 Direction of force/mom 下拉菜单中选中 Fy,在 Force/moment value 中输入 0 或不输入任何信息,单击 OK,单击 ANSYS Toolbar 中

save-db 进行存盘。

（12）指定输出：Main Menu > Solution > Load StepOpts > Output Ctrls > DB/Results File，打开 Controls for Database and Results File Writing 对话框，选中 Every substep 并单击 OK 按钮。

（13）对最初载荷步求解：选择菜单路径 Main Menu > Solution > Solve > Current LS，求解结束后关闭菜单。

（14）对第二载荷步施加载荷：Main Menu > Solution > Load StepOpts-Time/Frequenc > Time-TimeStep，弹出 Time and Time Step Options 对话框，在 Time at end of load step 一栏中输入 0.075，单击 OK；单击 Loads > Apply > Structural > Force/Moment > On Nodes，弹出对话框，选中节点 2 并单击 OK，弹出另一对话框，在 Force/Moment value 一栏中输入 20，单击 OK。

（15）对第二载荷步求解：Main Menu > Solution > Solve > Current LS，求解结束后关闭提示菜单。

（16）设置再下一载荷步再求解。

Main Menu > Solution > Load StepOpts -Time/Frequenc> Time-TimeStep，弹出 Time and Time Step Options 对话框，在 Time at end of load step 一栏中输入 0.1，单击 OK；单击 Main Menu > Solution > Solve > Current LS，求解。

（17）运行 Expansion Pass 并求解：选择 Main Menu > Solution > Analysis Type > Expansion Pass-Single Expand By Time/Fred，弹出 Expand Single Solution by Time/Frequency 对话框；在 Time-point /Frequency 一栏里输入 0.092 并单击 OK；选择 Main Menu > Solution > Solve > Current LS，求解结束后关闭提示菜单。

（18）观察计算结果：

① 选择菜单 Main Menu > TimeHist Postpro > Settings > file，弹出 File Settings 对话框；

② 在 Files 滚动框中，选择 file. rdsp 并单击 OK；

③ 选择菜单 Main Menu > TimeHist Postpro > Define Variables，弹出 Defined Time-History Variables 对话框；

④ 单击 add，弹出 Add Time-History Variables；

⑤ 使用 Nodal DOF result 的默认设置并单击 OK，弹出 Define Nodal Data 窗口；

⑥ 使用 2 for the reference number of the variable 默认设置；

⑦ 在 Node number 中输入 2；

⑧ 在 user-specified label 中输入 NSOL；

⑨ 在右侧的滚动框中，选中 Translation Uy；

⑩ 单击 OK，并在 Define TimeHist Variables 对话框中单击 Close；

⑪ 选择菜单，Main Menu > TimeHist Postpro > Graph Variables；

⑫ 在 1st Variable to graph 中输入 2 并单击 OK，在绘图窗口中则显示相关图形；

⑬ 选择菜单 Main Menu > TimeHist Postpro > List Variables；

⑭ 在 1st Variable to graph 中输入 2 并单击 OK；

⑮ 检查 status windows 窗口的信息并单击 Close 关闭；

⑯ 选择菜单 Main Menu > General Postproc > Read results > First Set；

⑰ 选择菜单 Main Menu＞General Postproc＞Plot results＞Deformed Shape,弹出 Plot Deformed Shape 对话框;

⑱ 选中 Def＋undeformed 并单击 OK;

⑲ 退出 ANSYS。

求解结束。

4.7　悬臂梁突加载荷的瞬态动力学分析

4.7.1　问题描述

在悬臂梁的自由端突加一集中载荷,分析突加载荷后的瞬态响应(不考虑大变形影响)。该问题的初始条件为零初始位移和零初始速度,因此对于完全法可采用缺省的初始条件,且只要在很小的时间间隔内施加载荷即可(如某个载荷步的第一子步施加,将 deltim 设置得足够小)。而对于缩减法就需要进行一次静力分析,以产生初始条件。

设悬臂梁截面尺寸为 $0.01\,m\times0.01\,m$,弹性模量为 $2.1\times10^5\,MPa$,泊松比为 0.3,密度为 $7\,800\,kg/m^3$,悬臂梁长为 1 m。悬臂梁在静力作用下悬臂端的位移为 $0.190\,5\,m$,而瞬态分析的最大位移为 $0.379\,m$,动力放大系数为 $1.99\approx2$。

4.7.2　分析步骤

1. 创建模型

可以用三维实体单元,也可以用梁单元,按之前熟悉的创建模型的方法完成悬臂梁有限元模型的创建。

2. 进行瞬态分析

(1) 选择瞬态分析类型(图 4-21)。

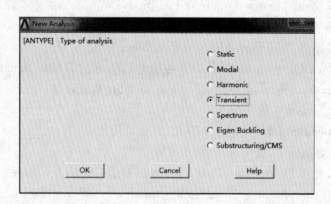

图 4-21　在 Analysis Type 中选择瞬态分析

(2) 选择完全法(图 4-22)。

(3) 在 Analysis Type＞Sol'n Controls 中按图 4-23 设置,即选择输出所有子步的所有结果。

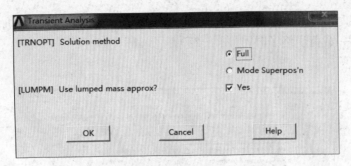

图 4-22　选择瞬态分析的求解方法

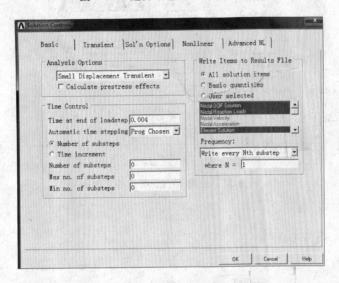

图 4-23　求解结果输出控制参数设置

（4）关闭瞬态效应进行静力分析（图 4-24）。

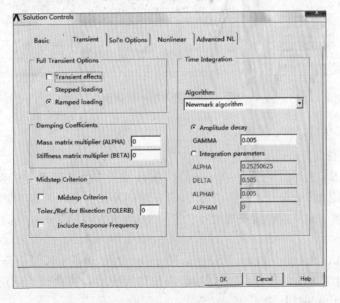

图 4-24　关闭瞬态效应进行静力分析

（5）施加零时刻载荷：施加固定端位移约束边界条件，在自由端不施加任何载荷。

（6）设置第一载荷步终了时间（图 4-25）。

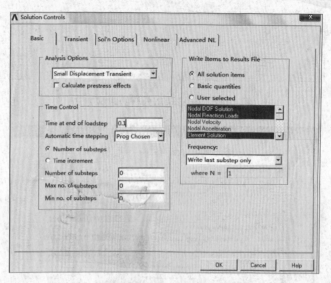

图 4-25　设置第一载荷步终了时间

（7）写入第一载荷步（图 4-26）。

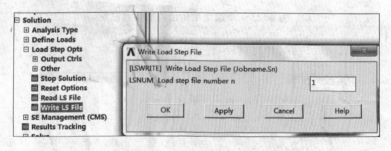

图 4-26　写入第一载荷步

（8）定义第二载荷步（图 4-27—图 4-30）。

打开瞬态效应，选择阶跃载荷（stepped）即在第一子步内达到设定的载荷值，打开自动时间步长，设置第二步载荷终了时间为 0.5，设定时间步长为 1.0e-8，在第一子步即完成加载；在自由端上部中间节点位置施加大小为 100 N，方向向下（沿 y 轴负向）的载荷；写入第二载荷步。

（9）求解。执行 solve>From LS files，按 4-31 设置，单击 OK 后直至计算结束。

（10）进入时间历程处理，定义悬臂端竖向位移为变量 2，按曲线绘制选项即可画出该变量随时间的变化历程曲线（图 4-31）。

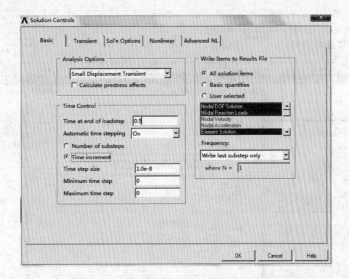

图 4-27 第二载荷步时求解控制参数设置

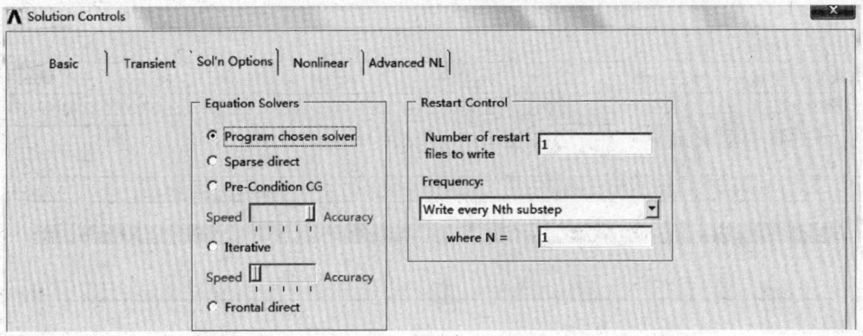

图 4-28 保存每一子步的数据

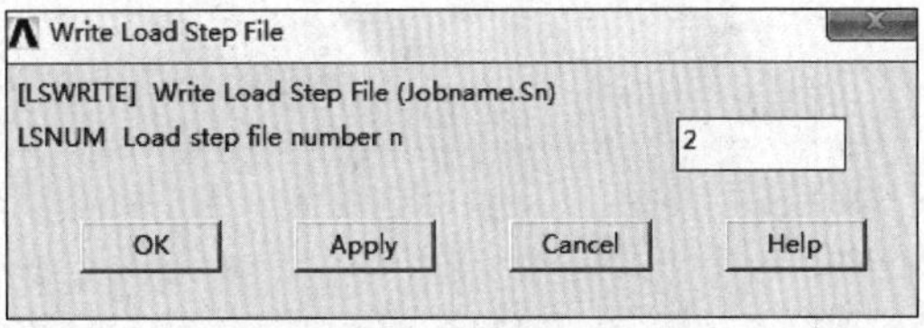

图 4-29 写入第二载荷步

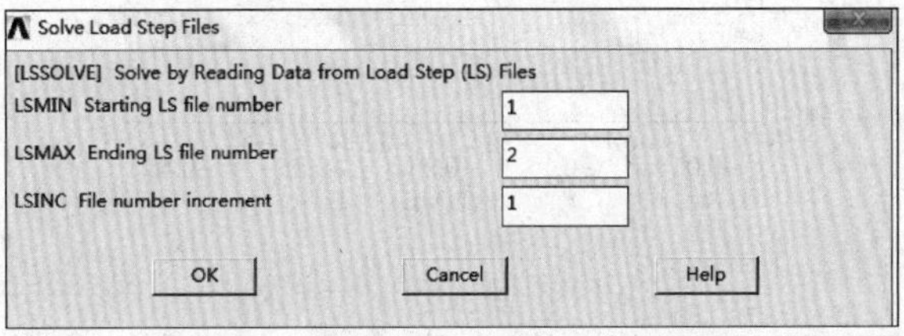

图 4-30 从第一载荷步计算至第二载荷步终了设定

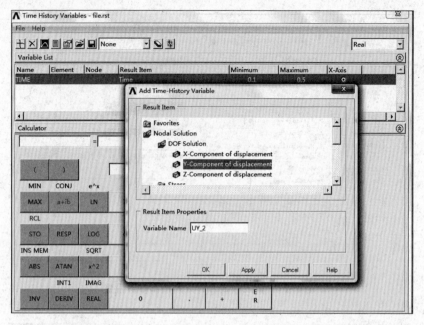

(a)

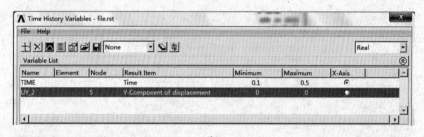

(b)

(c)

图 4-31　定义想了解的变量(此处选择自由端节点的竖向位移)

可见其最大位移响应为 377.118 mm(图 4-32)。

进一步可以求解该节点的速度-时间曲线。为此可求位移的一阶导数。点击 Math Operations,进而选择 derivative,可定义新变量为位移的一阶导数;也可以直接选择显示该节点的速度为变量。并绘制之见图 4-33。

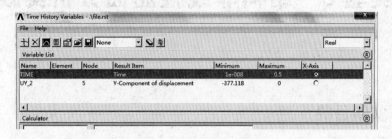

图 4-32　最大位移响应

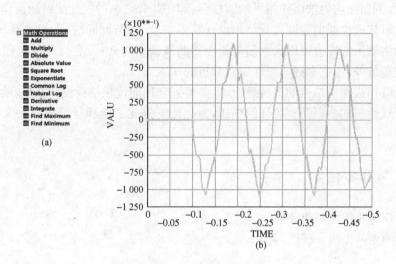

图 4-33　速度-时间曲线

作　业

试分析长×宽×厚为 200 mm×100 mm×4 mm 的四边简支矩形板的前 6 阶自振频率及振型,完成分析报告,要求做到图文并茂。

实验5　结构非线性屈曲分析实践

5.1　实验目的

实际的结构物往往是有初始缺陷的,因此其常常在未达到理论弹性屈曲强度时就发生屈曲破坏了,例如在均匀轴压作用下的圆柱壳,却在几分之一的线性屈曲载荷作用下就突然破坏了。此时依理论屈曲强度进行结构设计就不安全了;与此同时,人们也发现,四边简支薄板承受面内轴压的能力可以大大超过线性屈曲载荷。为此,除会计算理论屈曲强度或特征值屈曲载荷值外,还应掌握非线性屈曲分析的知识。

在大量应用板壳类结构的飞机、汽车上要得到合理的优化结构设计结果,就很有必要系统掌握其非线性屈曲变形乃至破坏的规律,为此特安排此实验项目以拓展大家分析类似问题的能力。

5.2　实验内容

(1) 压杆的非线性屈曲分析。
(2) 梁的侧向失稳分析。

5.3　关于非线性屈曲的基础知识

在实验3中已经讲过,结构稳定性问题有两类,第一类为分支型失稳,第二类为极值点失稳。过去,设计人员习惯于把线性理论下结构的分支型失稳称为屈曲。然而,工程实际中分支型屈曲现象并不常见,严格地说,它仅出现在某些无几何缺陷的理想结构和受力不偏心的情况。随着工程技术的发展,人们发现,四边简支薄板承受面内轴压的能力可以大大超过线性屈曲载荷,而在均匀轴压作用下的圆柱壳,却在几分之一的线性屈曲载荷下就突然破坏了。对此种种现象,线性理论无法解释,因此,人们不得不求助于以几何非线性理论为基础的非线性屈曲和后屈曲理论。

经典线性理论处理的是完善结构,即结构无几何缺陷,载荷无偏心。变形阶段,仅限于小位移阶段,它可以求出完善结构的临界载荷,但给不出分支型失稳的后屈曲(图 5-1,超过分支点 C 之后的平衡阶段)平衡路径,对于有缺陷结构的稳定性分析完全无能为力,因此它不能用于结构的后屈曲分析。要解决这个问题,必须用非线性稳定分析方法。

按照非线性屈曲理论,一般板(壳)结构的非线性屈曲示意图如图 5-2,随着载荷的增

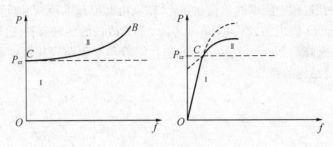

图 5-1 分支型失稳

加,非线性平衡路径逐渐延伸,达到并通过极值点 a,这个极值点就是非线性屈曲点,通过极值点后的平衡路径称为后屈曲路径。从图 5-2 可见,通过极值点 a 后,结构出现软化而卸载,又在经过 b 点之后,结构开始转为强化。有些曲板(壳)结构,这种从强化到软化的反复可多次发生,反复中有可能出现位移极值点 b。经过非线性路径 $Oabc$ 中第一个载荷极值点 a 的情况称为跳跃(snap-through)。经过第二个位移极值点的情况可称为回弹(snap-back)。

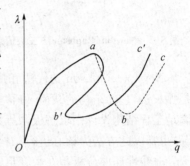

图 5-2 一般板(壳)的非线性屈曲

从以上分析可以看出,非线性屈曲理论把结构的稳定性问题和强度问题联系在一起,非线性平衡路径可以准确地把结构的强度和稳定性,以至于刚度的整个变化历程表示得十分清楚。由于受载结构实际上是在变形后的位置上处于平衡状态的,从加载一开始就呈几何非线性特征,因此,非线性理论更接近于实际情况。

求解非线性理论方程的方法可分为两大类:解析法和数值法。解析法只能求解某些特殊问题,一般来说不能很容易地推广到其他问题,但比较适合于对基本理论和方法的研究,便于掌握一些问题的规律性。数值法对结构的形状、边界条件、载荷方式的适应性比较强,适合于工程结构分析。由于数值法需要解析解的验证,因此,两种解法在发展过程中相辅相成,齐头并进。

目前,以非线性理论为基础的有限元方法,已成为求解板、壳结构的屈曲、后屈曲及破坏问题最有效的途径,并为全世界结构力学专家和设计工程师们所接受。近二十年来,已陆续推出并不断更新了一批早有声誉的商品软件,如 ABAQUS, ADINA, MSC/NASTRAN, ANSYS 等。这些软件中的屈曲分析都以非线性力学理论为基础,采用渐变的过程分析思想,并考虑多种因素(环境、损伤、破坏等)的影响。这些结构分析软件现已成为现代飞机结构设计中不可缺少的计算工具。

采用有限元数值方法求解非线性问题时,最终归结为求解非线性代数方程组。通常采用的求解方法是载荷增量步与 Newton-Raphson(牛顿-辛普森)迭代法(N-R 迭代法)相结合的混合法。这种方法虽然对求解许多非线性问题十分有效,可以准确地求得结构稳态的非线性平衡路径。然而,在载荷-位移曲线的极值点附近,由于切线刚度矩阵(TK)接近奇异而很难得到收敛解,如图 5-3,以至于通常的增量/迭代型方法无法通过可能出现的载荷极值点和位移极值点,而这些点在实际工程中又是非常有用的,它们能够反映结构的一些重要特性,如结构在加载过程中刚度的软化和硬化,以及由此引起的跳跃和反弹等现象。后来,由 Ricks 和 Wempnor 提出的、Crisfield 和 Roma 等人改进的各种弧长法(图 5-4)在这方面取得了重要成果,它强制 Newton-Raphson 迭代沿着与平衡路径相交的圆弧收敛,可得到承受零或负刚度的结构的解。

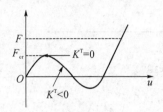

图 5-3　Newton-Raphson 法在极值点附近的刚度矩阵

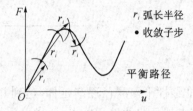

图 5-4　弧长法的迭代方式

Newton-Raphson 迭代法和弧长法是目前非线性屈曲分析中最重要的计算方法,特别是弧长法,它为结构的载荷-位移全过程路径跟踪提供了迄今为止最有效的计算方法,可以满足工程结构设计中求解极限承载能力的需要,大多数有限元软件(如 ANSYS,ABAQUS 等)也都以此方法为核心进行结构非线性屈曲分析。

非线性屈曲分析是在大变形效应开关打开的情况下所做的一种静力分析。其基本步骤是:①建模,施加初始扰动和给定载荷;②设定载荷增量和求解策略(设定子步数和时间步长等);③确定迭代分析方法,如是否采用弧长法还是载荷增量法与 Newton-Raphson 迭代法相结合的混合法等;④求解,必要时修改求解策略;⑤后处理。

非线性屈曲分析的成败,在很大的程度上取决于求解策略设置的好坏。

5.4　压杆的非线性屈曲分析

5.4.1　问题描述

一宽边长为 6 mm 的正方形截面杆,长 1 200 mm,假设一端固支,一端自由,试用有限元法分析该细长杆变形后的形状及自由端的位移。材料 $E = 0.85 \times 10^5$ MPa,$\mu = 0.3$。自由端作用大小分别为 20 N,25 N,30 N 的轴向压力。

根据欧拉临界载荷公式,其临界屈曲载荷为 15.71 N。所受载荷大于其临界屈曲载荷,因此该问题属于细长杆的非线性屈曲问题。选择细长杆为研究对象,建立几何模型,并选择 beam188 梁单元进行求解。

5.4.2　GUI 路径模式分析过程

1. 建立模型

(1) 定义工作文件名:Utility Menu > File > Change Jobname,弹出如图 5-5 所示的 Change Jobname 对话框,在 Enter new jobname 文本框中输入 ex2,并将 New log and error files? 复选框选为 Yes,单击 OK 按钮。

(2) 定义工作标题:Utility Menu > File > Change Title,在出现的对话框中输入 Beam

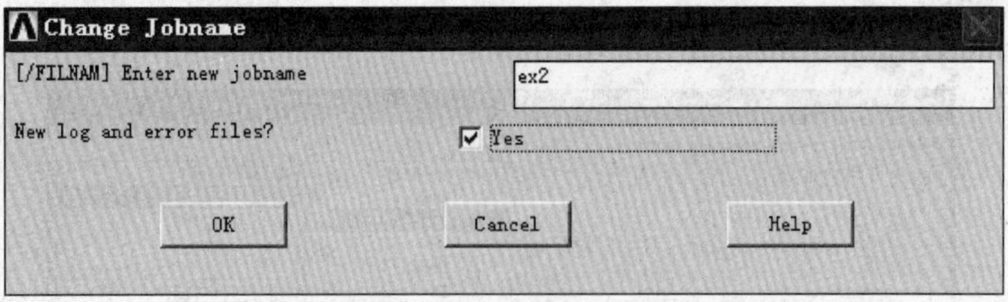

图 5-5 Change Jobname 对话框

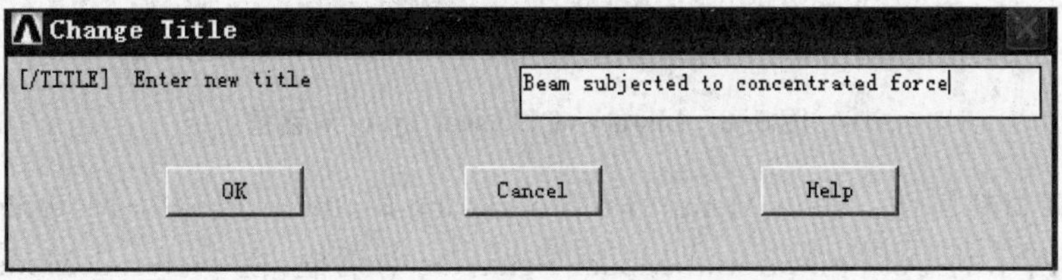

图 5-6 Change Title 对话框

subjected to concentrated force,如图 5-6 所示,单击 OK 按钮。

（3）选择 Utility Menu>Parameters>Scalar Parameters 命令,出现 Scalar Parameters 对话框,在 Selection 输入栏中输入 B＝0.006[采用 N•m 单位制],单击 Accept 按钮;输入 H＝0.006,单击 Accept 按钮;输入 L＝1.2,单击 Accept 按钮;输入 A＝B＊H,单击 Accept 按钮;输入 I＝B＊H＊H＊H/12,单击 Accept 按钮;输入后的结果如图 5-7 所示,单击 Close 按钮关闭该对话框。

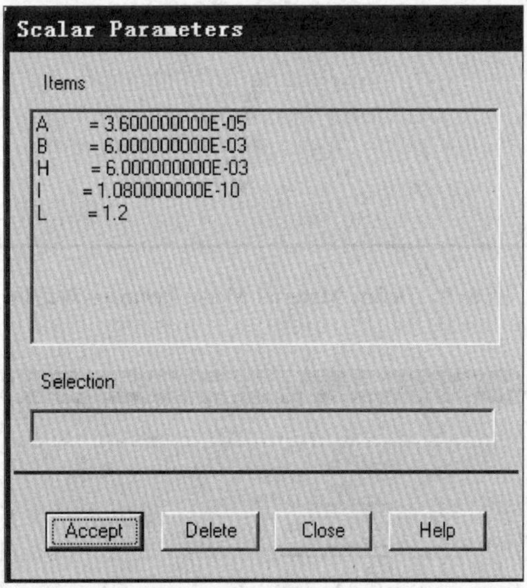

图 5-7 标定参量对话框

（4）选择单元类型: Main Menu>Preprocessor>Element Type>Add/Edit/Delete,弹出 Element Type 对话框,单击 Add 按钮,弹出如图 5-8 所示的 Library of Element Types 对话框,在列表框中分别选择 Structural beam 和 2 node 188,单击 OK 按钮,然后点击

Options,将 K3 设置为 Cubic Form。

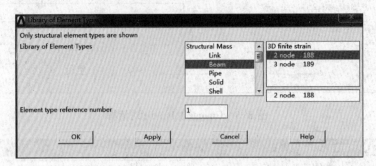

图 5-8 Library of Element Types 对话框

（5）设置材料属性：Main Menu>Preprocessor>Material Props>Material Models,弹出如图 5-9 所示的 Define Material Model Behavior 对话框,在 Material Models Available 列表框中,双击打开 Structural>Linear>Elastic>Isotropic,弹出如图 5-10 所示的 Linear Isotropic Properties for Material Number 1 对话框,在 Ex 文本框中输入 0.85e11,在 PRXY 文本框中输入 0.3,单击 OK 按钮,然后单击菜单栏上的 Material>Exit 选项,完成材料属性的设置。

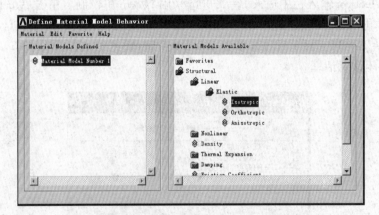

图 5-9 Define Material Model Behavior 对话框

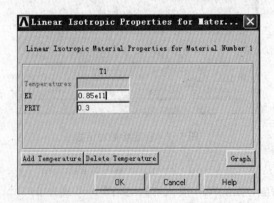

图 5-10 Linear Isotropic Properties for Material Number 1 对话框

（6）设置截面参数：参照图 5-11 设置截面参数，并关闭截面参数设置对话框。

（7）创建有限元模型。

① 选择 Utility Menu > PlotCtrls > Numbering 命令，出现 Plot Numbering Controls 对话框，选中 NODE Node numbers 选项，使其状态从 Off 变为 On，其余选项采用默认设置，如图 5-12 所示，单击 OK 按钮关闭对话框。

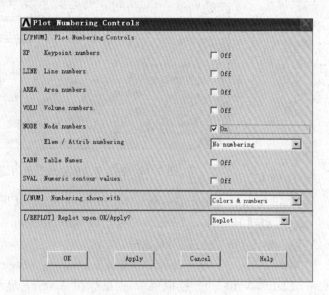

图 5-11 定义截面参数

图 5-12 编号显示设置对话框

② 选择 Main Menu > Preprocessor > Modeling > Create > Nodes > In Active CS 命令，出现 Create Nodes in Active Coordinate System 对话框，在 NODE Node number 输入栏中输入 1，在 X,Y,Z Location in active CS 的 3 个输入栏中分别输入 0,0,0；单击 apply 按钮；在 Node Node number 输入栏中输入 11，在 X,Y,Z Location in active CS 的 3 个输入栏中分别输入 L,0,0，如图 5-13 所示，单击 OK 按钮关闭对话框。

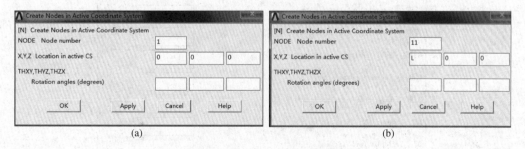

(a)   (b)

图 5-13 生成节点对话框

③ 选择 Main Menu > Preprocessor > Modeling > Create > Nodes > Fill between Nds 命令，出现 Fill between Nds 拾取菜单，用鼠标在 ANSYS 显示窗口选取编号为 1,11 的节点，单击 OK 按钮，出现 Creat Nodes Between 2 Nodes 对话框，参考图 5-14 对其进行设置，单

击 OK 按钮关闭对话框。

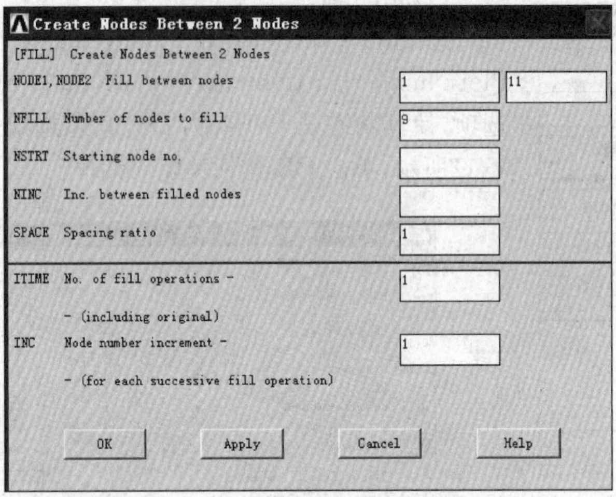

图 5-14　在 2 节点间生成节点对话框

④ Main Menu>Preprocessor>Modeling>Create>Elements>Auto Numbered>Thru Nodes 命令,出现 Elements from Nodes 拾取菜单,用鼠标在 ANSYS 显示窗口选择编号为 1,2 的节点,单击 OK 按钮关闭对话框。

⑤ Main Menu>Preprocessor>Modeling>Copy>Elements>Auto Numbered 命令,出现 Copy Elems Auto-Num 拾取菜单,用鼠标在 ANSYS 显示窗口选择编号为 1 的单元,单击 OK 按钮,出现 Copy Elements (Automatically-Numbered)对话框,参照图 5-15 对其进行设置,单击 OK 按钮关闭对话框。

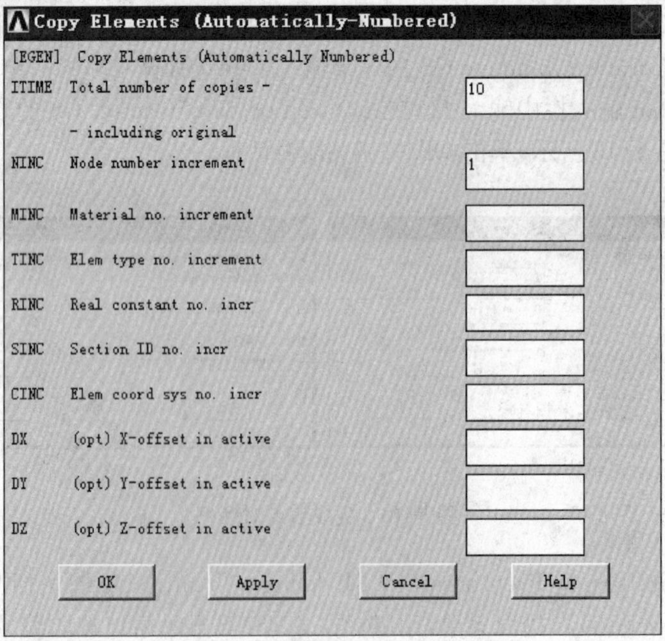

图 5-15　单元复制选项设置对话框

⑥ 选择 Utility Menu>PlotCtrls>Style>Colors>Reverse Video 命令,设置显示颜色。

⑦ 选择 Utility Menu>File>Change Title 命令,出现 Change Title 对话框,在输入栏中输入 Finite element model,单击 OK 按钮关闭对话框。

⑧ 选择 Utility Menu>Plot>Elements 命令,ANSYS 窗口显示所生成的有限元模型。

⑨ 选择 Utility Menu>File>Save as 命令,出现 Save Database 对话框,在输入栏中输入 ex21.db,保存上述的操作过程。

2. 加载求解

(1) 选择 Main Menu > Solution > Analysis Type > New analysis 命令,出现 New Analysis 对话框,选择分析类型为 static,单击 OK 按钮关闭对话框。

(2) 选择 Main Menu > Solution > Analysis Type > Sol'n Controls 命令,出现 Solution Controls 对话框,参照图 5-16 对其进行设置,单击 OK 按钮关闭对话框。

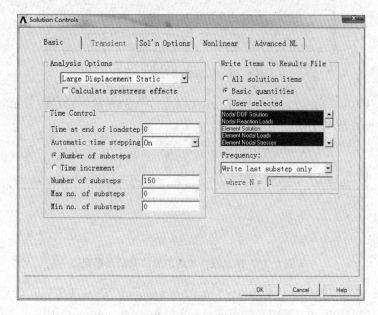

图 5-16　求解控制基本选项设置对话框

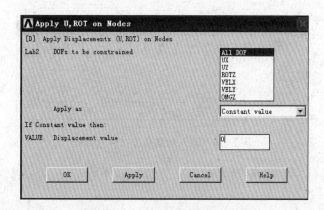

图 5-17　施加位移载荷对话框

（3）选择 Main Menu＞Solution＞Define Loads＞Apply＞Structural＞Displacement＞On Nodes 命令，选择编号为 1 的节点，参照图 5-17 对其进行设置，单击 OK 按钮关闭对话框。

（4）选择 Main Menu＞Solution＞Define Loads＞Apply＞Structural＞Force /Moment＞On Nodes 命令，选择编号为 11 的节点，参照图 5-18 对其进行设置（FX＝－20 N）。单击 apply 按钮，再在节点 11 上施加 FY＝－0.05 N 的载荷，单击 OK 按钮关闭对话框。

此处选择关键点 1 设定固支边界条件。

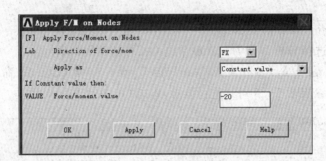

图 5-18　施加集中载荷对话框

（5）选择 Utility Menu＞Plot＞Elements 命令，ANSYS 显示窗口将显示施加载荷及约束后的结果，如图 5-19 所示。

图 5-19　施加载荷和约束后的有限元模型

（6）选择 Main Menu ＞ Solution ＞ Load Step Opts ＞ Write LS File 命令，出现 Write Load Step File 对话框，在 LSNUM Load step file number n 输入栏中输入 1，如图 5-20 所示，单击 OK 按钮关闭对话框。

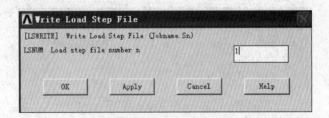

图 5-20　写入到载荷步文件对话框

（7）重复上述（4）和（6）步，分别设 FX＝－25 N，FY＝－0.05 N 后，写入载荷步文件 2 中。

（8）重复上述（4）和（6）步，分别设 FX＝－30 N，FY＝－0.05 N 后，写入载荷步文件 3 中。

（9）选择 Main Menu>Solution>Solve>From LS files 命令，出现 Solve Load Step Files 对话框，在 LSMIN Starting LS file number 输入栏中输入 1，在 LSMAX Ending LS file number 输入栏中输入 3，在 LSINC File number increment 输入栏中输入 1，如图 5-21 所示，单击 OK 按钮关闭对话框。

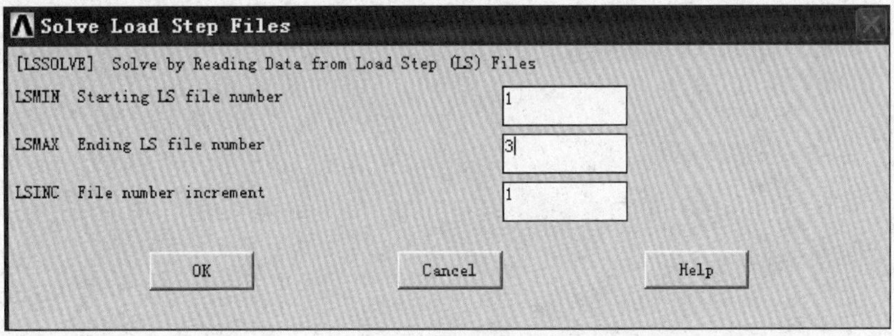

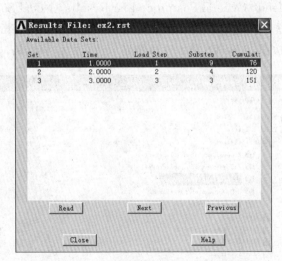

图 5-21　按载荷步文件进行求解对话框

（10）求解完毕后，出现 Note 提示框，单击 OK 按钮关闭对话框。

（11）选择 Utility Menu>File>Save as 命令，出现 Save Database 对话框，在输入栏中输入 ex22.db，保存上述的操作过程。

3. 查看求解结果

（1）选择 Main Menu>General Postproc>Read Results>By pick 命令，出现 Results File：ex2.rst 对话框，选中第一栏，如图 5-22 所示，单击 Read 按钮后，再单击 Close 按钮，并关闭对话框。

图 5-22　按载荷步读取结果文件对话框

（2）选择 Utility Menu>File>Change Title 命令，出现 Change Title 对话框，在输入栏中输入 deformed shape when loaded is 20N，单击 OK 按钮关闭对话框。

（3）选择 Main Menu>General Postproc>Plot Results>Deformed Shape 命令，出现 Plot Deformed Shape 对话框，在 KUND Item to be plotted 选项中选择 Def Shape only 选

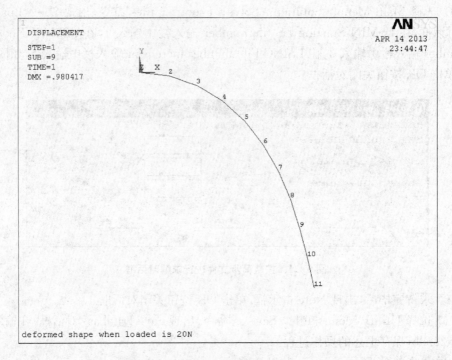

图 5-23　施加 20 N 载荷时的变形形状

项,单击 OK 按钮,ANSYS 显示窗口将显示载荷为 20N 时杆件的变形形状,如图 5-23 所示。

(4) 选择 Main Menu＞General Postproc＞List Results＞Nodal Solution 命令,出现 List Nodal Solution 对话框,在 Item to be listed 复选框中选择 Displacement vector sum,如图 5-24 所示,单击 OK 按钮,ANSYS 显示窗口将显示节点的位移结果,如图 5-25 所示。

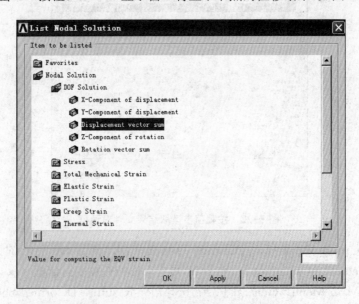

图 5-24　列表显示节点求解结果对话框

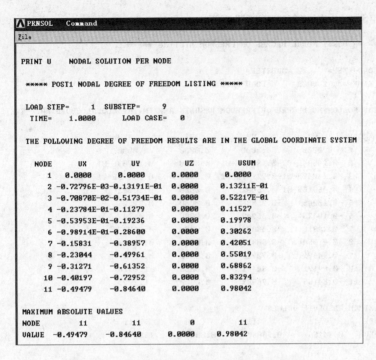

图 5-25　列表显示载荷为 20 N 时节点位移结果

（5）选择 Main Menu＞General Postproc＞Read Results＞Next Set 命令，读取第 2 个载荷步的求解结果，如图 5-26、图 5-27 所示。

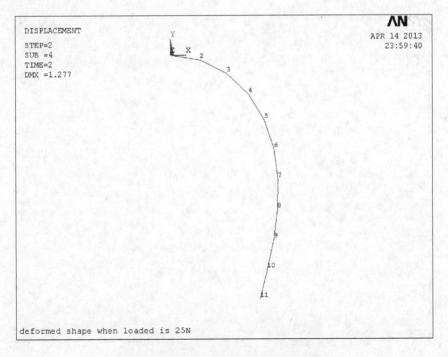

图 5-26　施加 25 N 载荷时的变形形状

```
PRINT U    NODAL SOLUTION PER NODE

***** POST1 NODAL DEGREE OF FREEDOM LISTING *****

LOAD STEP=    2  SUBSTEP=    4
 TIME=   2.0000    LOAD CASE=    0

THE FOLLOWING DEGREE OF FREEDOM RESULTS ARE IN THE GLOBAL COORDINATE SYSTEM

    NODE      UX          UY          UZ          USUM
     1     0.0000      0.0000      0.0000      0.0000
     2   -0.14584E-02-0.18646E-01  0.0000      0.18703E-01
     3   -0.14042E-01-0.72139E-01  0.0000      0.73493E-01
     4   -0.46316E-01-0.15402      0.0000      0.16083
     5   -0.10285     -0.25586      0.0000      0.27576
     6   -0.18425     -0.36948      0.0000      0.41287
     7   -0.28816     -0.48840      0.0000      0.56707
     8   -0.41054     -0.60838      0.0000      0.73394
     9   -0.54671     -0.72728      0.0000      0.90985
    10   -0.69191     -0.84461      0.0000      1.0918
    11   -0.84156     -0.96089      0.0000      1.2773

MAXIMUM ABSOLUTE VALUES
NODE        11          11           0           11
VALUE   -0.84156     -0.96089      0.0000      1.2773
```

图 5-27　列表显示载荷为 25 N 时节点位移结果

（6）选择 Main Menu>General Postproc>Read Results>Last Set 命令，读取第 3 个载荷步的求解结果，如图 5-28、图 5-29 所示。

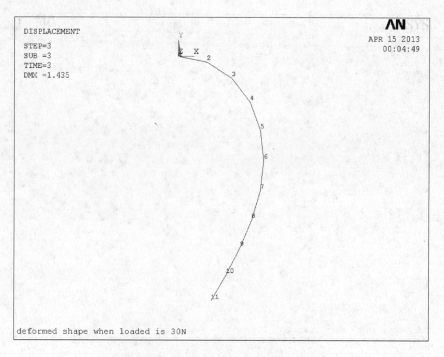

图 5-28　施加 30 N 载荷时的变形形状

```
PRINT U    NODAL SOLUTION PER NODE

***** POST1 NODAL DEGREE OF FREEDOM LISTING *****

LOAD STEP=     3  SUBSTEP=     3
 TIME=   3.0000     LOAD CASE=   0

THE FOLLOWING DEGREE OF FREEDOM RESULTS ARE IN THE GLOBAL COORDINATE SYSTEM

   NODE     UX          UY          UZ          USUM
      1   0.0000      0.0000      0.0000      0.0000
      2  -0.21076E-02-0.22385E-01  0.0000      0.22484E-01
      3  -0.20082E-01-0.85557E-01  0.0000      0.87882E-01
      4  -0.65213E-01-0.17934      0.0000      0.19082
      5  -0.14215    -0.29134      0.0000      0.32417
      6  -0.24976    -0.41070      0.0000      0.48068
      7  -0.38338    -0.52993      0.0000      0.65407
      8  -0.53706    -0.64511      0.0000      0.83940
      9  -0.70490    -0.75516      0.0000      1.0330
     10  -0.88164    -0.86090      0.0000      1.2322
     11  -1.0626     -0.96425      0.0000      1.4349

MAXIMUM ABSOLUTE VALUES
NODE        11          11           0          11
VALUE    -1.0626     -0.96425      0.0000      1.4349
```

图 5-29　列表显示载荷为 30 N 时节点位移结果

（7）选择 Utility Menu>File>Exit 命令，出现 Exit from ANSYS 对话框，选择 Quit>No Save 选项，单击 OK 按钮，关闭 ANSYS。

5.5　梁的侧向失稳分析

5.5.1　问题描述

一根直的细长悬臂梁，一端固定一端自由，在自由端施加位于纵向对称面内的一个横向载荷，梁材料参数、梁几何参数和载荷数据如下：

材料特性：

杨氏模量＝1.0×10^4 MPa

泊松比＝0.0

本例使用如下几何特性：

L＝100 mm

H＝5 mm

B＝0.2 mm

本例的载荷为：

P＝1 N

梁的侧向失稳示意图见图 5-30。

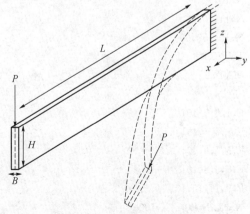

图 5-30　梁的侧向失稳示意图

由于梁的侧向刚度很差,因此易于发生扭转失稳(标志为侧向的大位移)。

试分析梁发生分支点失稳时的临界载荷和变形。

5.4.2 分析过程

上一个算例在分析中是人为地施加了一个侧向干扰力,进而进行非线性屈曲分析的。本例将通过使用特征值分析求解的特征向量来添加缺陷,进而进行非线性屈曲分析。

添加的缺陷应该比梁的标准厚度小。通常情况下,缺陷最大不大于 10% 的梁厚度。

以下是分析的命令流文件:

```
/TITLE,LATERAL－TORSIONAL BUCKLING OF AN ELASTIC CANTILEVER SUBJECTED
TO TRANSVERSE END LOAD
/FILNAME,BEAM BUCKLING

/PREP7
MP,EX,1,1E4
MP,NUXY,1,0
MP,GXY,1,5000
ET,1,189
SECT,1,BEAM,RECT
SECD,.2,5.0
N,1
N,2,10
N,3,20
N,4,30
N,5,40
N,6,50
N,7,60
N,8,70
N,9,80
N,10,90
N,11,100
N,101,50,50
TYPE,1
MAT,1
SECN,1
E,1,3,2,101
E,3,5,4,101
E,5,7,6,101
E,7,9,8,101
E,9,11,10,101
NSEL,S,LOC,X,100
*GET,NTIP,NODE,0,NUM,MAX
```

```
NSEL,ALL
D,1,ALL
F,NTIP,FY,1.0
FINISH

/SOLU
ANTYPE,STATIC
RESCONTROL,LINEAR,ALL,1            ! RESTART  FILES  FOR  SUBSEQUENT
LINEAR PERTURBATION
SOLVE
FINISH

/SOLU
ANTYPE,STATIC,RESTART,,,PERTURB    ! PERFORM A PERTURBATION ANALYSIS
PERTURB,BUCKLE,,,ALLKEEP           ! PERTURBED BUCKLING SOLVE
SOLVE,ELFORM

OUTRES,ALL,ALL
bucopt,LANB,4,,,range
MXPAND,4,,,YES
SOLVE
FINISH

/PREP7
UPGEOM,0.001/3,1,1,BEAM BUCKLING,rstp
FINISH

/SOLU
ANTYPE,STATIC
OUTRES,ALL,ALL
NLGEOM,ON
ARCLEN,ON,25,0.0001
ARCTRM,U,1.0,NTIP,UZ
NSUBST,10000
SOLVE
FINISH

/POST26
/SHOW,,jpeg
NSOL,2,NTIP,U,Z,TIPDISP
ADD,3,1,,,APLOAD,,,1,
/XRANGE,0,0.06
/YRANGE,0,0.02
```

```
/GROPT,DIVX,6
/AXLAB,X,TIP LATERAL DISP
/AXLAB,Y,LOAD
/COLOR,CURVE,YGRE
XVAR,2
PLVAR,3
PRVAR,2,4

/POST1
SET,1,12
*GET,APLOAD,TIME
R=APLOAD/0.01892
*DIM,VALUE,,1,3
*DIM,LABEL,CHAR,3
LABEL(1) = 'PCR','VMR029-','T4-189'
*VFILL,VALUE(1,1),DATA,APLOAD
*VFILL,VALUE(1,2),DATA,R
/OUT, BEAM BUCKLING,vrt
/COM
/COM,----------- RESULTS COMPARISON ----------------
/COM,
/COM,          |  Mechanical APDL  |  RATIO  |     TEST     |
/COM,
/COM,BEAM189
*VWRITE,LABEL(1), VALUE(1,1), VALUE(1,2),LABEL(2),LABEL(3)
(1X,' ',A4,'     ',F10.5,'     ',F13.4,'     ',A7,A8)
/COM,
/COM,---------------------------------------------------------
----------------------------
/OUT
FINISH
*LIST,BEAM BUCKLING,vrt
```

作 业

请对(1)两端铰支;(2)一端固支、一端铰支的压杆进行非线性屈曲分析,并完成分析报告。

第2篇 | 复合材料结构分析篇

本篇所列实验项目是在《复合材料结构 CAE 教程》所列复合材料结构静强度、特征值屈曲、层间应力、机械连接、胶接、热-力耦合问题分析等 6 个分析实例的基础上进一步补充的几个算例,仍限定在类似问题分析的范畴内,以使学生能通过再练习,巩固提高对复合材料结构设计中基本问题的分析能力。

实验6 正交各向异性复合材料板梁的弯曲分析

6.1 实验目的

这是一个有解析解的复合材料板梁分析的例子,该梁的实际制作应当是层合的,但这里仅将之简化为一个材料为正交各向异性的梁的弯曲问题进行分析,但需讨论材料主轴与梁轴线的夹角变化时的结果变化,因此大家应着重关注:①单元选择;②材料主轴相对梁轴角度的设置方法;③解析解与数值解的比较。

6.2 实验内容

分析一个材料为正交各向异性的梁当材料主轴与梁轴线夹角变化时的弯曲解。

6.3 正交各向异性复合材料板梁的弯曲分析

6.3.1 问题描述

板梁是指截面高比宽大许多的梁。该板梁的有关参数如图 6-1 所示。

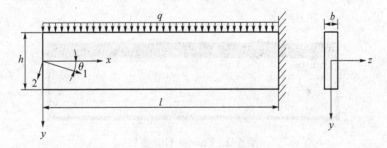

图 6-1 板梁示意图

该板梁假定由正交各向异性的硼-环氧复合材料制成,其材料常数如下:
$E_{11} = 113\,\text{GPa}$, $E_{22} = E_{33} = 52.7\,\text{GPa}$, $G_{12} = G_{13} = 28.5\,\text{GPa}$, $G_{23} = 5\,\text{GPa}$, $\mu_{12} = \mu_{13} = 0.45$。

图 6-1 中 $b = 1\,\text{mm}$(宽度), $h = 50\,\text{mm}$(高度), $l = 350\,\text{mm}$($h/l = 1/7$)。

横向均布载荷集度 q 取 2 N/mm。

要求分析当材料的弹性主方向 l 和梁轴线的夹角 θ 分别为 0°，30° 和 90° 时，梁跨中横截面上各点的应力，并与表 6-1 给出的解析解进行比较。

表 6-1　梁跨中横截面上各点的应力

点的 Y 坐标	σ_x /Pa			σ_y /Pa			τ_{xy} /Pa		
	$\theta=0°$	$\theta=30°$	$\theta=90°$	$\theta=0°$	$\theta=30°$	$\theta=90°$	$\theta=0°$	$\theta=30°$	$\theta=90°$
−25	72.890	78.680	73.210	−2.000	−2.000	−2.000	0	0	0
−12	35.550	34.640	35.410	−1.670	−1.670	−1.670	−8.080	−8.220	−8.080
0	0	−2.630	0	−1.000	−1.000	−1.000	−10.500	−10.500	−10.50
12	−35.550	−3.6260	−35.410	−0.340	−0.340	−0.340	−8.080	−7.940	−8.080
25	−72.890	−67.850	−73.210	0	0	0	0	0	0

6.3.2　采用 GUI 方式进行求解的步骤

（1）定义工作文件名：Utility Menu＞File＞Change Jobname，弹出 Change Jobname 窗口（图 6-2），在 Enter new jobname 中输入 ex6，然后勾选 New log and error files? 后的选框 Yes。单击 OK。

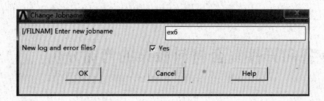

图 6-2　Change Jobname 窗口

（2）定义工作标题：Utility Menu＞File＞Change Title，在跳出的 Change Title 窗口（图 6-3）中输入 ban liang。单击 OK。

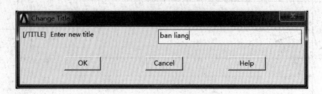

图 6-3　Change Title 窗口

（3）定义单元类型。

① 选取 Main＞Preprocessor＞Element type＞Add/Edit/Delete，弹出 Element Types 窗口。

② 单击 Add，弹出 Library of Element Types 窗口（图 6-4），左边选择窗口选择 Structural solid，右边选择窗口选择中选择 Brick 8 node 185，单击 OK；然后按 Option 选择

layered solid,如图 6-5 所示,然后点击 OK 退出。

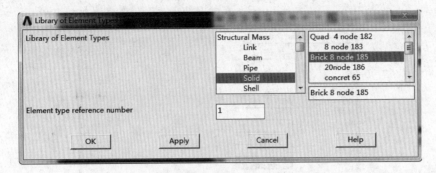

图 6-4　Library of Element Types 窗口

图 6-5　单元 185 的选项设置窗口

（4）定义材料特性：Main > preprocessor > Material Models,弹出 Define Material Model Behavior 窗口（图 6-6）,单击右侧窗口 Structural > Linear > Elastic > Orthotropic,弹出 Linear Orthotropic Properties for Material Number 1 窗口,按图 6-7 输入各材料参数,单击 OK。最后关闭定义材料特性窗口。

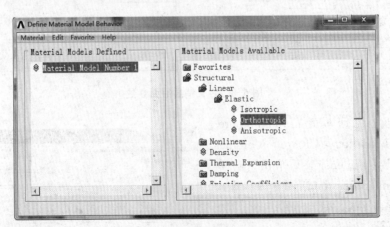

图 6-6　定义材料模型的窗口

（5）建立铺层截面参数：Main > preprocessor > Sections > Shell > Lay-up > Add/Edit,按图 6-8 设置铺层参数。可仅定义一层,该层厚 1 mm,铺层角度可先定义为 0°,当分析 30°或 90°问题时可对此做出调整。

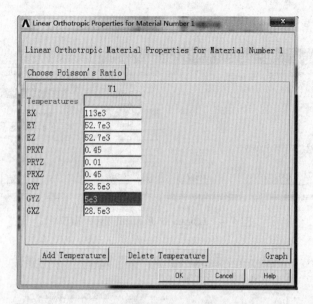

图 6-7　线性正交各向异性材料弹性常数的输入窗口

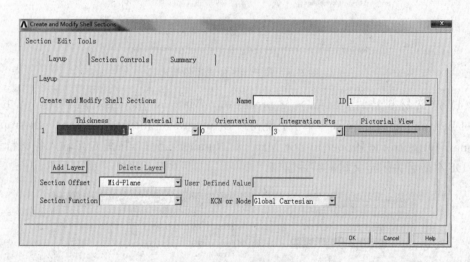

图 6-8　定义铺层截面参数

（6）建立几何模型：Main > pre-processor > Modeling > Create > Volumes > Block > By Dimensions，弹出 Create Block by Dimensions 窗口（图 6-9），输入几何尺寸，单击 OK。

（7）划分网格。

① Main menu > Preprocessor > Meshing > Mesh Attributes，点击 Default

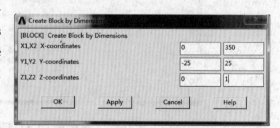

图 6-9　依尺寸定义板梁几何模型

attribs 弹出 Meshing Attributes 窗口，如图 6-10 所示，此处仅定义了一种单元、一种材料、一种截面，因此就按缺省值取值即可。

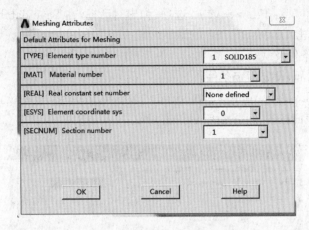

图 6-10　**Meshing Attributes 窗口**

② Main menu＞Preprocessor＞Meshing＞Mesh Attributes＞Volume brick orient，选择一种方式定义 z 轴方向，譬如通过 Z along line 指定 z 轴方向，按铺层平面为 x-y 平面，z 轴垂直于 x-y 平面确定。

③ 单击 Mesh Tool 窗口 Size Controls 栏下方 Lines 后的 Set 按钮，弹出拾取对话框，在图中拾取长度方向的四条边中的任一条，设定其单元数为 70，即单元边长度为 5；再拾取高度方向的一条边，设定其单元数为 50；拾取宽度方向的一条边，设定其单元数为 1，单击 OK，退出网格设定对话窗口。

④ 在 Mesh Tool 窗口的 Mesh 栏中选取 Volumes，Shape 后选中 Hex，Mapped，单击 Mesh 按钮，跳出拾取窗口，拾取几何体，单击 OK，完成单元网络划分，如图6-11 所示，右上角为局放图。

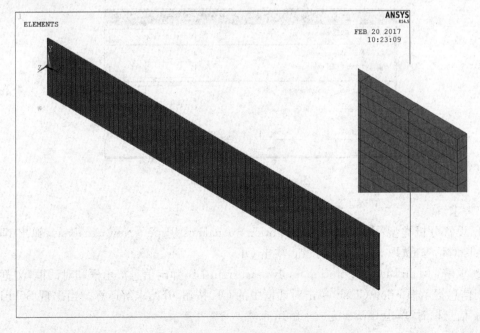

图 6-11　建好的有限元模型

⑤ 保存有限元模型：File＞Save as 选项，弹出对话框，在 Save database to 文本框中输入 ban liang. db，单击 OK。

（8）施加约束条件及载荷。

① 选择固定端面，设定固定条件。

Load＞Define Loads＞Apply＞Structural＞Displacement＞On Area，选择 $x = 350$ 平面为固定端面，选中该面按图 6-12 设定后单击 OK。

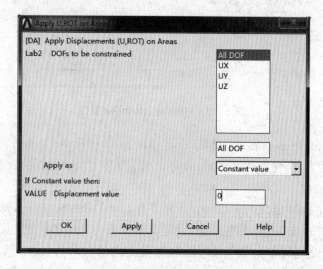

图 6-12　边界条件设置

② 在 $y = 25$ 平面上施加均布载荷，选取 $y = 25$ 平面，并按图 6-13 施加均布压力 2 MPa。

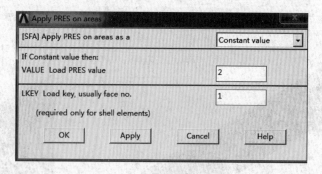

图 6-13　均布载荷施加

（9）求解。

① 设置分析类型：Main menu＞Solution＞Analysis Type＞New Analysis，弹出 New Analysis 对话框，选取 Static 单选按钮，单击 OK。

② 求解：Main Menu＞Solution＞solve＞Current LS，弹出信息提示框和对话框，浏览完毕关闭信息提示框 File＞Close，单击对话框中的 OK 按钮，开始求解运算。当出现 Solution is done 信息时，单击 Close，完成求解运算。

（10）后处理。

① 选中梁跨中($x=175$)横截面上各个节点：$y=25$，12，0，-12，-25。

Utility Menu>Select>Entities，弹出 Select Entities 窗口，如图 6-14 所示设定后即可选中节点坐标为(175，25)的节点。

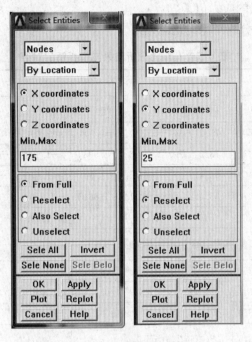

图 6-14　选中考察的节点

② 查看所选中节点的应力：Main Menu > General Postproc > List Results > Nodal Solution，选择 Stress 中 X-Component of stress 按钮，单击 OK，即可得到跨中截面上该节点的应力值(图 6-15)。

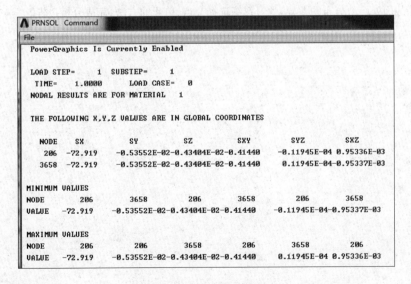

图 6-15　节点的应力解

依此类推可得到各节点的应力值。

至此 $\theta = 0$ 时的解就完全得到了。

下一步可在图 6-8 中改变铺层角为 $30°$，$90°$ 后再次求解，即可得到在铺层角为 $30°$ 和 $90°$ 时的跨中截面各节点的应力值了。

表 6-2 给出了数值分析结果的汇总结果。

表 6-2　有限元分析结果与解析解的对照

点的Y坐标		σ_x /Pa			σ_y /Pa			τ_{xy} /Pa		
		$\theta=0°$	$\theta=30°$	$\theta=90°$	$\theta=0°$	$\theta=30°$	$\theta=90°$	$\theta=0°$	$\theta=30°$	$\theta=90°$
−25	理	72.890	78.680	73.210	−2.000	−2.000	−2.000	0	0	0
	数	72.919	68.043	73.245	−1.994 6	−1.993 9	−1.989	−0.414 4	−0.400 1	−0.414 4
−12	理	35.550	34.640	35.410	−1.670	−1.670	−1.670	−8.080	−8.220	−8.080
	数	35.567	36.277	35.422	−1.662 1	−1.661 7	−1.659 3	−8.075 2	−7.936 6	−8.075 2
0	理	0	−2.630	0	−1.000	−1.000	−1.000	−10.500	−10.500	−10.500
	数	−0.265e−5	2.632 3	0.551e−5	−0.999 9	−0.999 9	−1.0	−10.494	−10.494	−10.494
12	理	−35.550	−36.260	−35.410	−0.340	−0.340	−0.340	−8.080	−7.940	−8.080
	数	−35.567	−34.653	−35.410	−0.337 9	−0.338 2	−0.340 7	−8.075 2	−8.213 8	−8.075 2
25	理	−72.890	−67.850	−73.210	0	0	0	0	0	0
	数	−72.919	−78.242	−73.245	−0.536e−2	−0.607e−2	−0.011	−0.414 4	−0.428 68	−0.414 4

作　业

试考察该板梁的应变、应力云图，并绘制 $y = 25$ 线上的应变随 x 的变化曲线，分析 $x = 0,25,50,325,350$ 等截面处应力分布的差异，学习熟练选择节点、单元的方法，完成分析报告。

实验7 剪切载荷作用下的复合材料矩形板屈曲分析

7.1 实验目的

在材料力学里大家仅接触过压缩失稳问题,在《复合材料结构 CAE 教程》书中也仅给出了一个加筋壁板的受压屈曲算例,而实际上板壳在受剪时也一样可能出现失稳,因此给出本算例,以使对板壳稳定问题了解比较有限的同学能通过此例加深这方面的印象。

7.2 实验内容

四边简支的复合材料层合板在剪切载荷作用下的屈曲分析。

7.3 剪切载荷作用下的复合材料矩形板屈曲分析

7.3.1 问题描述

图 7-1 为四边简支的复合材料层合矩形长板,假定其长度 $a = 508\,\mathrm{mm}$,宽度 $b = 100\,\mathrm{mm}$,铺层方案为 $[0/90]_8$,铺层组 $[0/90]$ 的性能参数如下:

$E_{11} = E_{22} = 68.9\,\mathrm{GPa}$,$E_{33} = 11.7\,\mathrm{GPa}$,
$G_{12} = 4.83\,\mathrm{GPa}$,$G_{23} = G_{13} = 3.36\,\mathrm{GPa}$,
$\mu_{12} = 0.05$,$\mu_{13} = \mu_{23} = 0.49$,
$t_{\mathrm{ply}} = 0.190\,5\,\mathrm{mm}$。

试计算其屈曲载荷和失稳模态。

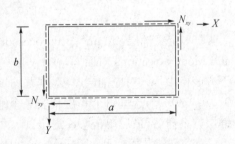

图 7-1 四边简支矩形长板承剪屈曲

7.3.2 采用 GUI 方式进行求解的步骤

(1) 定义工作文件名:Utility Menu＞File＞Change Jobname,弹出 Change Jobname 窗口,在 Enter new jobname 中输入 CH7.2.2,然后勾选 New log and error files? 后的选框。单击 OK。

(2) 定义工作标题:Utility Menu＞File＞Change Title,在跳出的 Change Title 窗口中输入 buckle analysis of a plate。单击 OK。

（3）定义单元：

① 选取菜单元途径 Main > Preprocessor > Element type > Add/Edit/Delete，弹出 Element Types 窗口。

② 单击 Add，弹出 Library of Element Types 窗口，左边选择窗口选择 Structural shell，右边选择窗口选择中选择 3D 4node 181，单击 OK。单击 Element Type 窗口中的 options，在 K8 后选取 all layers，单击 OK，最后点击 Close，关闭对话窗口。

（4）定义材料参数：Main > Preprocessor > Material Models，弹出 Define Material Model Behavior 窗口，如图单击右侧窗口 Structural > Linear > Elastic > Orthotropic，弹出 Linear Orthotropic Material Properties for Material Number 1 窗口，按图 7-2 输入各材料参数，单击 OK。最后关闭定义材料特性窗口。

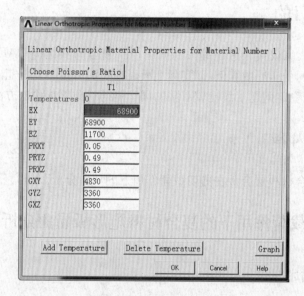

图 7-2　材料参数输入窗口

（5）定义铺层：Main > preprocessor > Sections > Shell > Lay-up > Add/Edit，弹出 Create and Modify Sections 对话框，在 layup 一栏下单击 Add Layer 按钮增加铺层，在 Thickness 下方表格中填入对应铺层厚度，本题均填 0.1905，Orientation 下方输入对应铺层角度[0/0/0/0/0/0/0/0]，这里每个 0°层代表一个铺层组[0/90]，可在 Name 栏中输入 layers 表示对此铺层方案命名，最后单击 OK 退出。

（6）创建几何模型：MainMenu > Preprocessor > Modeling > Create > Areas > Rectangle > By Dimensions，弹出 Create Rectangle by Dimensions 对话框，在 X1，X2 X-coordinates 后方框中分别输入 0，508；在 Y1，Y2 Y-coordinates 后输入 0，100。最后单击 OK，便可得到该板的几何模型。

（7）划分网络单元：

① Main menu > Preprocessor > Meshing > Size Cntrls > Manual Size > Global > Size，在弹出对话框中 SIZE 栏后输入 4，对单元尺寸进行定义。单击 OK 完成定义并退出。

② Main menu > Preprocessor > Meshing > Mesh > Areas > Mapped > 3or4 sided，弹出拾取对话框，拾取面后单击 OK，对面进行单元划分。

（8）加载：

① Main Menu > Solution > Define Loads > Apply > Structural > Displacement > On Lines，弹出拾取对话框，选中四条边上的所有节点，单击 OK，出现 Apply U，ROT on Lines 窗口，按图示选取 UZ 约束 Z 方向位移，在 VALUE 后填写 0，单击 OK。

② Main Menu>Solution>Define Loads>Apply>Structural>Displacement>On lines，拾取 $x=0$ 线，在弹出的 Apply U，ROT on KPs 窗口中选中 UX 方向约束，在 VALUE 后填写 0，单击 apply；拾取 $y=0$ 线，在弹出的 Apply U，ROT on KPs 窗口中选中 UY 方向约束，在 VALUE 后填写 0，单击 OK。

③ Main Menu > Solution > Define Loads > Apply > Structural > Force/Moment > On Nodes，弹出拾取节点对话框，点击对话框中 Box 前选择按钮，然后框选出 X 坐标值为零的所有节点，如图 7-3 所示。点击 OK，弹出图示对话窗口，在 Lab Direction of force/mom 后选取框中点选 FY，在 VALUE 后输入框中输入$-100/(100/4+1)=-3.846\,15$。如图 7-4 所示，表示对该边节点施加 Y 轴负方向的剪切力（注意长边与短边所施加的载荷换算成单位长度的载荷时其绝对值应是一致的，基于其边长和节点数便可确定适合的应施加的单节点上的载荷值，此处设在单位长度的板边上施加 1 N/mm 的剪切力），单击 Apply；再选中 $x=508$ 线上的节点，施加 FY=3.846 15，单击 Apply；选中 $y=0$ 线上的节点，施加 FX=$-508/(508/4+1)=-3.968\,75$，单击 Apply；选中 $y=100$ 线上的节点，施加 FX=3.968 75，单击 OK 后退出。

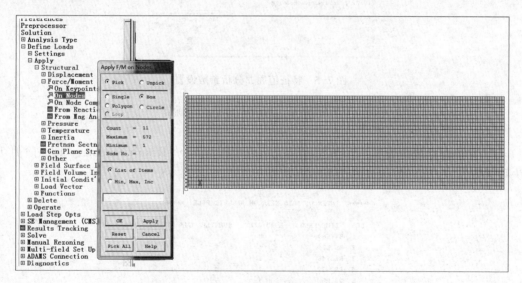

图 7-3　剪切载荷施加

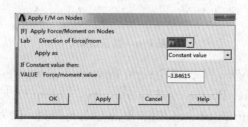

图 7-4　施加载荷

（9）求解：

① 设置求解类型：Main Menu > Solution > analysis Type > New Analysis，选择 Static，单击 OK，进行静态分析。

② 添加预应力：Main Menu > Solution > analysis Type > Sol'n Controls，弹出 Solution Controls 窗口，单击 Analysis Options 一栏下方 Calculate prestress effects 前的选择按钮，单击 OK。

③ Main Menu > Solution > Solve > Current LS，弹出信息提示框和对话框，浏览完毕关闭信息提示框 File > Close，单击对话框中的 OK 按钮，开始求解运算。当出现 Solution is done 信息框时，单击 Close，完成静力分析。

④ 单击 Main Menu > Finish。

⑤ 屈曲分析：Main Menu > Solution > analysis Type > New Analysis，选择 Eigen Buckling，单击 OK。

⑥ Main Menu > Solution > analysis Type > Analysis Options，弹出屈曲分析对话框，如图 7-5 所示填写，单击 OK。

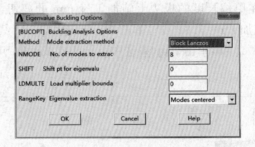

图 7-5　特征值屈曲分析参数设置

⑦ Main Menu > Solution > Solve > Current LS，进行求解。

（10）查看结果：

① 剪切失稳载荷查看：Main Menu > General Postproc > Result Summary，即一阶剪切失稳载荷为 89.581 N/mm（图 7-6）。

```
*****  INDEX OF DATA SETS ON RESULTS FILE  *****

SET    TIME/FREQ    LOAD STEP    SUBSTEP    CUMULATIVE
  1   -89.581           1            1           1
  2   -85.591           1            2           2
  3   -81.146           1            3           3
  4   -80.437           1            4           4
  5   -73.000           1            5           5
  6    62.873           1            6           6
  7    86.499           1            7           7
  8    88.765           1            8           8
```

图 7-6　显示结果

② 查看失稳模态：Main Menu > General Postproc > Read Results > First Set；
Main Menu > General Postproc > Plot Results > Contour Plot > Nodal Solu，选 DOF Solution 中 Displacement vector sum 按钮，单击 OK，可得到一阶失稳模态（图 7-7）。

随后执行 Main Menu>General Postproc>Read Results>Next Set，可得后续各阶振型（图 7-8—图 7-12）。

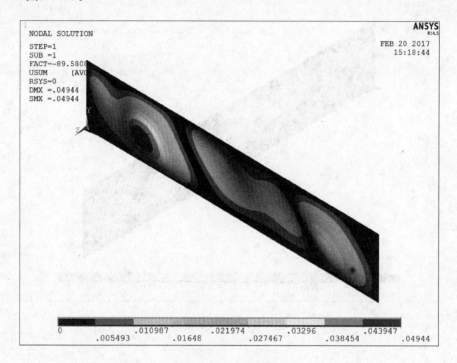

图 7-7　一阶失稳模态

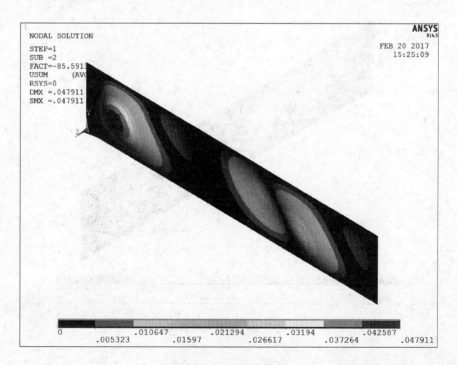

图 7-8　二阶失稳模态

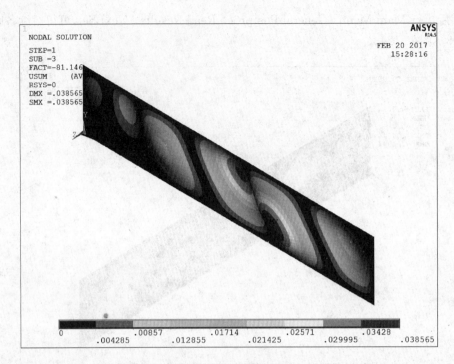

图 7-9　三阶失稳模态

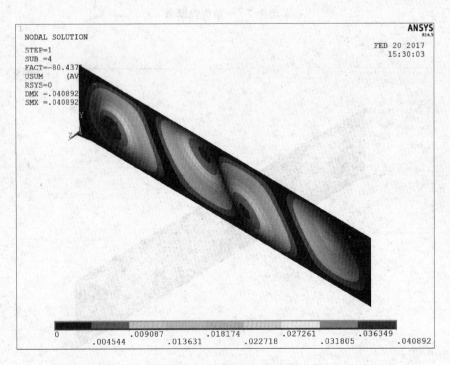

图 7-10　四阶失稳模态

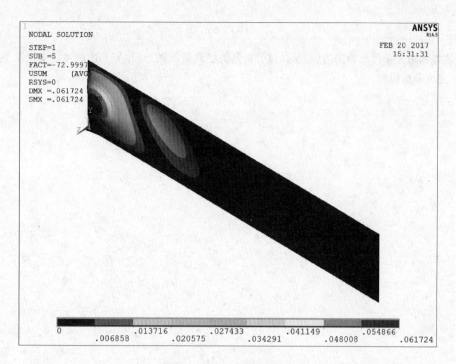

图 7-11　五阶失稳模态

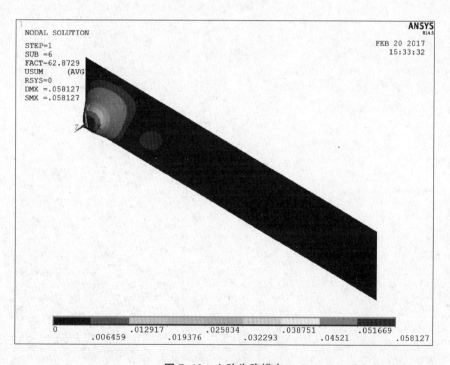

图 7-12　六阶失稳模态

作 业

当该板的边界条件改为四边固支时,试分析其失稳载荷及模态,并与上述四边简支情况下的解进行比较,完成分析报告。

实验 8　单列双钉连接的钉载分配分析

8.1　实验目的

机械连接是复合材料结构中最主要的一种连接形式,其连接质量易于控制、强度分散性小、能传递大载荷、便于拆卸、安全可靠。由于需在被连接件上钻孔,在开孔位置会引起应力集中,因此其连接效率并不高,且因需使用紧固件还会引起增重。

目前在飞机主承力结构中机械连接仍是主要的连接方法,因此掌握其强度和刚度的分析方法是进行复合材料结构设计所必需的。本实验在教程所举单钉连接问题分析的基础上再介绍一个钉载分配的算例,以丰富大家对相关问题分析的知识和能力。

8.2　实验内容

单列双钉连接的钉载分配计算。

8.3　关于机械连接的基础知识

8.3.1　影响复合材料机械连接性能的因素

影响复合材料机械连接性能的因素很多,主要是以下几种。

(1) 材料参数:纤维的类型、方向及形式(单向带、编织布等),树脂类型,纤维体积含量及铺层顺序、几何尺寸。

(2) 连接几何形状参数:连接形式(搭接或对接、单剪或双剪等)、几何尺寸(排距孔径比、列距孔径比、端距孔径比、边距孔径比、厚度孔径比等)和孔排列方式。

(3) 紧固件参数:紧固件类型(螺栓或铆钉、凸头或沉头等)、紧固件尺寸、垫圈尺寸和拧紧力矩。

(4) 使用因素:载荷种类(静载荷、动载荷或疲劳载荷)、载荷方向、加载速率、工作温度和服役时间、使用环境和服役寿命。

(5) 工艺:工艺因素决定复合材料的结构参数、物理-力学性能以及连接工艺过程所产生的残余应力。如配合间隙、预紧力、连接件的精度和互换性、复合材料的内应力、孔和螺纹的加工质量等。

8.3.2 机械连接分析的主要内容

根据结构整体分析确定出机械连接结构所受外载后,复合材料机械连接静强度分析内容主要包括钉载分配计算、应力分布计算和强度预测三部分。复合材料机械连接多采用多排多钉的连接方式,直接对整体多排多列连接进行应力分析和强度预测极其复杂,实现难度大,即使采用有限元等数值方法,其建模工作和求解成本也是难以承受的。因此普遍采用的方法是先确定复合材料机械连接的钉载分配比例,然后针对最危险单钉通过细节应力分析确定其钉孔区域的应力,接着采用适当的失效理论和强度预测方法对钉孔进行强度校核,最终确定钉群的承载能力,评定机械连接的强度。

可见钉载分配计算是多钉连接强度分析的关键,也是多钉连接结构强度分析的前提。

8.4 单列双钉连接的钉载分配分析实践

8.4.1 问题描述及分析策略

如图 8-1 所示,某连接件通过两个位于一列的钉连接在了一起。

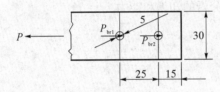

图 8-1 连接部位的示意图

其中被连接件的铺层材料为 T300/4211,其材料参数如下:

$X_t = 1\,396\,\text{MPa}$, $E_{1t} = 126\,\text{GPa}$, $\mu_{12} = 0.33$,

$X_c = 1\,030\,\text{MPa}$, $E_{1c} = 116\,\text{GPa}$,

$Y_t = 33.9\,\text{MPa}$, $E_{2t} = 7.9\,\text{GPa}$, $Y_c = 167\,\text{MPa}$,

$E_{2c} = 7.8\,\text{GPa}$, $G_{12} = 3.7\,\text{GPa}$, $S = 65.5\,\text{MPa}$。

被连接层压板的铺层方案为:$[45/0/-45/0/90/0/45/0/-45/0]_s$,20 层,单层厚度 0.125,可见其铺层比例为:50%0°,40%±45°,10%90°。

材料性质:

$\sigma_{xt} = 766\,\text{MPa}$, $\sigma_{yt} = 587\,\text{MPa}$, $\sigma_{bru} = 866\,\text{MPa}$(受载孔的挤压强度)。

钉材料:30CrMnSiA,弹性模量 196 GPa,泊松比 0.3。

载荷分配:$P_{br1} = 0.57\,P$, $P_{br2} = 0.43\,P$。

旁路载荷:$P_{by1} = 0.43\,P$, $P_{by2} = 0$。

分析策略:使用接触算法。这里仅定义一种接触关系:钉和复合材料板孔壁的接触,为此需建立两个接触对。

8.4.2 采用 GUI 方式求解的步骤

1. 定义单元类型

(1) 选取菜单途径 Main menu > Preprocessor > Element type > Add/edit/delete,弹出 Element Types 窗口。

(2) 单击 Add,弹出 Library of Element Types 窗口,左边选择窗口选择 Structural Mass > Solid,右边选择窗口选择中选择 Brick 8node 185,确认参考号为 1,单击 OK。

单击 Element Types 窗口中 Options,弹出 Solid185 Element Type Options 窗口,将 K3 设置为 Layered Solid,单击 OK;在命令输入窗口输入 KEYOPT,1,8,1,键盘 Enter 确认。

单击 Add,弹出 Library of Element Types 窗口,左边选择窗口选择 Structural Mass > Solid,右边选择窗口选择中选择 Brick 8node 185,确认参考号为 2,单击 OK。

2. 定义材料参数

选取菜单途径 Main menu > Preprocessor > Material Props > Material Models,弹出 Define Material Model Behavior 窗口。

在右侧窗口依次选择 Structural > Linear > Elastic > Orthotropic,在弹出的窗口中依次输入 EX=116e3,EY=7.8e3,EZ=7.8e3, PRXY=0.33,PRXZ=0.33,PRYZ=0.3,Gxy=3.7e3,Gxz=3.7e3,Gyz=3e3,单击 OK。

选择本窗口菜单 Material > New Model,在右侧窗口依次选择 Structural > Linear > Elastic > Isotropic,输入 EX=196e3,PRXY=0.3,单击 OK,推出材料定义窗口。

3. 定义截面参数

选取菜单途径 Main menu > Preprocessor > Sections > Shell > Lay-up > Add/edit,弹出 Create and Modify Shell Sections 窗口。

点击 Add Layer,添加 10 层,Thickness 全部设置为 1,Orientation 从第一层开始依次设置为 45/0/−45/0/90/0/45/0/−45/0,选择本窗口菜单栏 Tools > Add Symmetry,将 Section Offset 设置为 Mid-Plane,在 Name 框中输入 MID,选择本窗口菜单栏 Sections > Save。

4. 定义失效准则

(1) 选取菜单途径 Main menu > Proprocessor > Material Props > Failure Criteria > Define/add edit,弹出 ADD/Edit Failure criteria 窗口,设置 MAT 为 1,单击 OK。

(2) 在弹出的 Add/Edit Failure Criteria 窗口中,在第三栏的六个输入框中依次输入 1396, 33.9, 1000, −1030, −167, −1000,在第四栏的第一个框内输入 68, 1000, 1000,单击 OK 退出。

注: Z, YZ, XZ 方向输入 1000 是因为 ANSYS 要求拉伸和剪切强度必须为正值,如不关心某个方向的强度或认为其不会破坏时可以输入一个大值。

5. 建立几何模型

(1) Main menu > Preprocessor > Modeling > Create > Areas > Rectangle > By Dimensions,弹出 Create Rectangle by Dimensions 对话框,在 X1 和 X2 处输入 50 和 70,在 Y1 和 Y2 处输入 5 和 25,单击 OK。

(2) Main menu > Preprocessor > Modeling > Create > Areas > Circle > Solid Circle,在弹出对话框中依次输入 60, 15, 2.5,单击 OK。

(3) Main menu > Preprocessor > Modeling > Operate > Booleans > Subtract > Areas,弹出拾取对话框,选择矩形面,单击 OK,再选择圆面,单击 OK。

(4) Main menu > Preprocessor > Modeling > Delete > Areas Only,弹出拾取对话框,选择面,单击 Pick All;选取菜单路径 Utility Menu > Plot > Lines。

为了满足带孔方板分网的拓扑,需要对线条进行切分与拼接(使用柱坐标系旋转 45°亦可)。

（5）选取菜单路径 Main menu＞Preprocessor＞Modeling＞Operate＞Booleans＞Devide＞Line into N Ln's，将四条圆弧都分为两半；

选取菜单路径 Main menu＞Preprocessor＞Modeling＞Operate＞Booleans＞Add＞Lines，将切分出来的 8 条圆弧两两合并，使生成的四条圆弧各自与四周的直线对应。

（6）Main menu＞Preprocessor＞Modeling＞Create＞Lines＞Lines＞Straight Lines，将正方形的四个角点与圆弧上的四个点连接起来，如图 8-2 所示。

（7）Main menu＞Preprocessor＞Modeling＞Create＞Areas＞Arbitrary＞By Lines，创建如图 8-2 所示的四个面。

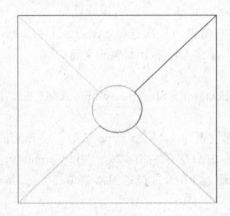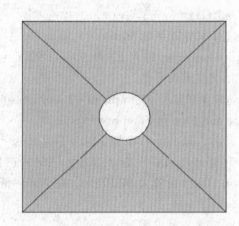

图 8-2　几何建模

（8）选取菜单路径 Main menu＞Preprocessor＞Modeling＞Copy＞Areas，单击 Pick All，在弹出对话框 DX 中输入 25，单击 OK。

（9）选取菜单路径 Main menu＞Preprocessor＞Modeling＞Create＞Keypoints＞In Active CS，建立三个点坐标如下：（0,25,0）(100,25,0)（0,30,0）。

（10）选取菜单路径 Main menu＞Preprocessor＞Modeling＞Create＞Lines＞Lines＞Straight Lines，建立四条线，如图 8-3 所示（标有数字的线条）。

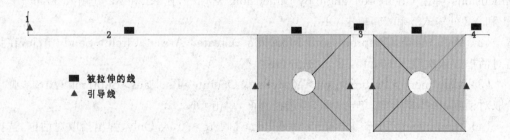

图 8-3　图形拉伸的拉伸线和引导线说明

（11）选取菜单路径 Main Menu > Preprocessor > Modeling > Operate > Extrude > Lines > Along Lines，一共进行 8 次拉伸，被拉伸线和引导线如图 8-3 所示，形成的面如图 8-4 所示。

（12）选取菜单路径 Main Menu > Preprocessor > Modeling > Copy > Areas，弹出拾取对话框，选取上图中带有标记的五个面，单击 OK，在对话框 DY 中输入－25，单击 OK。

（13）选取菜单路径 Main Menu > Preprocessor > Modeling > Operate > Booleans > Glue > Areas，在拾取对话框中单击 Pick All。

（14）选取菜单路径 Select > Entities，弹出选择对话框，依次设置 Areas，By Num/Pick，Unselect，单击 OK，在拾取对话框中单击 Pick All。

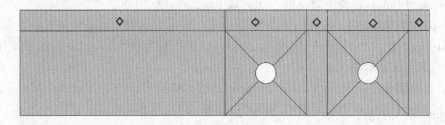

图 8-4　拉伸形成的面示意

（15）选取菜单路径 Main Menu > Preprocessor > Modeling > Create > Areas > Circle > Solid Circle，在弹出对话框中依次输入 0,0,2.5，单击 OK。

（16）选取菜单路径 Utility Menu > WorkPlane > Offset Workplane by Increments，在弹出对话框的第二个输入框中输入 0,90,0，单击 OK。

（17）选取菜单路径 Main Menu > Preprocessor > Modeling > Operate > Booleans > Divide > Area by Wrkplane，在弹出的拾取对话框中单击 Pick All。

（18）选取菜单路径 Utility Menu > Offset Workplane by Increments，在弹出对话框的第二个输入框中输入 0,－90,0，单击 Apply；在第二个输入框中输入 0,0,90，单击 OK。

（19）选取菜单路径 Main Menu > Preprocessor > Modeling > Operate > Booleans > Divide > Area by Wrkplane，在弹出的拾取对话框中单击 Pick All。

（20）选取菜单路径 Main Menu > Preprocessor > Modeling > Operate > Booleans > Glue > Areas，在拾取对话框中单击 Pick All。

（21）选取菜单路径 Utility Menu > WorkPlane > Change Active CS to > Global Cylindrical。

选取菜单路径 Main Menu > Preprocessor > Modeling > Move/Modify > Areas > Areas，单击 Pick All，在弹出的对话框 DY 中输入 45，单击 OK。

选取菜单路径 Utility Menu > WorkPlane > Change Active CS to > Global Cartesian。

（22）选取菜单路径 Main Menu > Preprocessor > Modeling > Move/Modify > Areas > Areas，在拾取对话框中单击 Pick All，在弹出对话框 DX 中输入 60，DY 中输入－10，单击 OK。

选取菜单路径 Main Menu > Preprocessor > Modeling > Copy > Areas，在弹出对话框 DX 中输入 25，单击 OK。

（23）选取菜单路径 Utility Menu＞Select＞Everything。

（24）选取菜单路径 Main Menu＞Preprocessor＞Modeling＞Operate＞Extrude＞Areas ＞By XYZ Offset，在拾取对话框中单击 Pick All，弹出对话框 DZ 中输入 2.5。

6. 划分网格

（1）选取菜单路径 Main Menu＞Preprocessor＞Meshing＞Size Cntrls＞ManualSize＞ Global＞Size，在弹出对话框 ESIZE 框输入 2，单击 OK。

（2）选取菜单路径 Utility Menu＞Select＞Entities，在选择对话框中依次设置为 Lines、 By Location、Z，输入 1，2，From Full，单击 OK。

（3）选取菜单路径 Main Menu＞Preprocessor＞Meshing＞Size Cntrls＞ManualSize＞ Lines＞Picked Lines，在弹出对话框 NDIV 框中输入 1，单击 OK。

（4）选取菜单路径 Utility Menu＞Select＞Entities，在选择对话框中依次设置为 Lines、 By Location、Z，输入 0，From Full，单击 Apply；再依次设置为 Lines、By Location、Y、输入 －20，－5、Reselect，单击 OK。

（5）选取菜单路径 Main Menu＞Preprocessor＞Meshing＞Size Cntrls＞ManualSize＞ Lines＞Picked Lines，在弹出对话框 NDIV 框中输入 10，单击 OK。

（6）选取菜单路径 Utility Menu＞Select＞Everything。

（7）选取菜单路径 Main Menu＞Preprocessor＞Meshing＞Mesh Attributes＞Volume Brick Orient＞Z in Thin Direction，选中层合板上某个体，拾取对话框中单击 OK，弹出 VEORIENT 对话框，单击 Apply，回到拾取对话框，再选中下一个体，如此重复，一共 21 个 体（该操作无法批量选取，只能重复操作）。

（8）选取菜单路径 Main Menu＞Preprocessor＞Meshing＞MeshTool，弹出 MeshTool 工具条。

点击第一栏 Set 按钮，将 TYPE 设为 1，MAT 设为 1，SECNUM 设为 1，单击 OK 回到 工具条，将第四栏设置为 Volumes、Hex、Mapped，单击 Mesh 按钮，选中代表层合板的所有 体，在拾取对话框单击 OK。

点击 Set 按钮，将 TYPE 设为 2，MAT 设为 2，单击 OK 回到工具条，单击 Mesh 按钮， 选择代表钉的圆柱体，单击 OK。

选取菜单路径 Utility Menu＞Select＞Everything。

此时网格如图 8-5 所示，圆柱体位于板外是为了方便后续选取操作。

7. 定义接触关系

（1）选取菜单路径 Utility Menu＞Select＞Entities，弹出选取对话框，从上至下依次设 置为 Areas、By Num/Pick、From Full，单击 OK，在图形窗口孔选择代表孔和钉的面，一共 16 个，如图 8-6 所示；注意图中的标注，TARGE 即为孔面，CONTA 为钉面，数字为 X 坐 标，在建立接触对时，将以图中标注描述，不另配图。

（2）点击位于命令输入窗口右侧的 Contact Manager 按钮，弹出 Contact Manager 窗 口，点击左上第一个按钮 Contact Wizard 按钮，弹出 Contact Wizard 窗口，如图 8-7 所示。

（3）将 Target Surface 框设置为 Areas，点击右下 Pick Target 按钮，弹出拾取对话框， 选中 TARGE60 标注的四个面，单击 OK，回到 Contact Wizard 窗口，Next 按钮被激活，单 击 NEXT；将 Contact Surface 框设置为 Areas，点击右下 Pick Target 按钮，弹出拾取对话

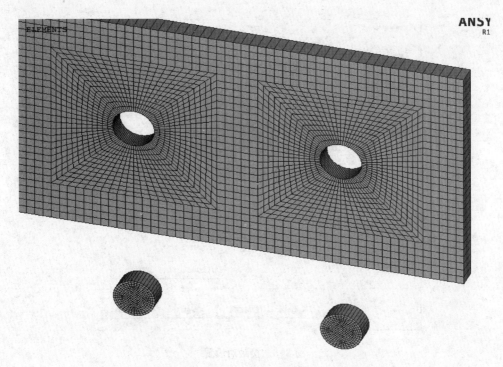

图 8-5　有限元模型图

框,选中CONTA60标注的四个面,单击 OK,回到 Contact Wizard 窗口,Next 按钮被激活,单击 NEXT;跳转到如图 8-8 的窗口,直接单击 Create(使用默认设置),将跳出一个窗口提示接触对已创建成功,直接点 Finish 关闭之。重复如上操作,依次选择 TARGE85 和 CONTA85,建立第二个接触对。

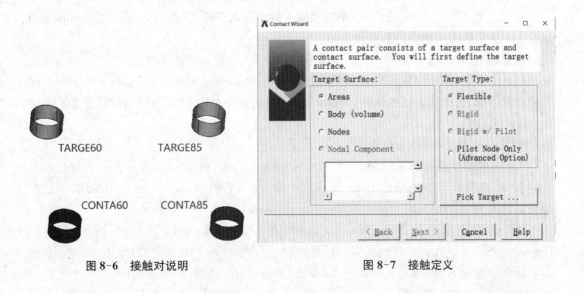

图 8-6　接触对说明　　　　　　　　　图 8-7　接触定义

图 8-8　接触对设置

（4）选取菜单路径 Utility Menu>Select>Entities，弹出选择对话框，从上至下依次设置为 Volumes、By Num/Pick、From Full，单击 Apply，选中代表 X＝60 处钉的圆柱，一共四个体，单击 Apply，回到选择对话框；选择对话框，从上至下依次设置为 Nodes、Attached to、Volumes、all、From Full，单击 OK。

选取菜单路径 Utility Menu>Select>Component Maneger，弹出 Component Manager 窗口，单击左上角 Create Component 按钮，弹出 Create Component 对话框，第一栏勾选 Nodes，第二栏不勾选 Pick entities，第三栏输入框中输入 F60，单击 OK，即可在 Component Manager 中看到刚刚建立的节点组 F60。

重复如上操作，选中 X＝85 处钉的节点，建立一个名为 F85 的节点组。

（5）选取菜单路径 Main Menu>Preprocessor>Modeling>Move/Modify>Volumes，弹出拾取对话框，选中代表钉的体，一共 8 个，拾取对话框中单击 OK，在弹出对话框 DY 中输入 25，单击 OK。

8. 定义求解策略、约束和载荷

（1）选取菜单路径 Main Menu>Solution>Analysis Type>Sol'n Controls，在弹出的对话框 Basic 选项卡下 Number of substeps 框中输入 10，右侧 Write Items to Results File 框中分别设置为 All solution items 和 Write every substep，单击 OK 退出。

（2）选取菜单路径 Main Menu>Solution>Define Loads>Apply>Structural>Displacement>On Areas，弹出拾取对话框，选中层合板 X＝0 的三个面，单击 Apply，在弹出对话框中设置 ALL DOF、constant value、0，单击 Apply，回到拾取对话框；

重复如上操作：选中层合板 X＝100 的三个面，设置约束 UY＝0，UZ＝0；选中两个钉的底面（Z＝0，一共 8 个），设置约束 UZ＝0。

（3）选取菜单路径 Main Menu > Solution > Define Loads > Apply > Structural > Force/Moment > On Node Component，选中之前建立的 F60 节点组，加上载荷 FX＝17.1；重复一次操作，为 F85 节点组加上载荷 FX＝12.9。

（4）选取菜单路径 Utility Menu > Select > Everything；选取菜单路径 Solution > Solve > Current LS，提交计算。

9. 观察结果

（1）选取 Main Menu > General Postproc > Plot Results > Contour Plot > Nodal Solu，弹出 Contour Nodal Solution Data 对话框，选择 Failure Criteria > Maximum Stress，单击 OK 即可在图形窗口观察基于最大应力准则的失效云图。

（2）选取 Main Menu > General Postproc > Read Results，选择读取某一子步的结果，然后在主窗口右击，选择 Replot 即可。从第一子步开始查看，直到某一子步的最大值达到或超过 1。

（3）选取菜单路径 Utility Menu > Select，选中 X 坐标为 0 的所有节点；选取 Main Menu > General Postproc > List Results > Reaction Solu，在弹出对话框中选择 Struct force FX，即可查看该子步的支反力。

破坏模式为孔 br1 处的拉伸破坏，与工程估算方法给出的破坏模式一致；对应的支反力为 11.09 kN，比工程估算的承载能力 14.79 kN 要小，偏小原因可能有：单元密度较低；钉的约束方式和加载方式过于简单；以首次出现高于极限的应力作为破坏标准比较粗糙等。实际上，复材构件的破坏是一个极度复杂的问题，本例不做深究，仅给出在 ANSYS 中进行此类强度分析的一个流程示例。

作 业

某双剪四排单列螺栓连接如图 8-9 所示，试分析其载荷分配，形成分析报告。已知被连接层合板铺层方案为 $[0°/90°/+45°/-45°]_{4s}$，单层厚为 0.125 mm，铺层性能数据如下：

$E_1 = 45.2$ GPa，$E_2 = 45.2$ GPa，$E_3 = 3.8$ GPa，$G_{12} = 17.3$ GPa，$G_{23} = 17.3$ GPa，$G_{13} = 17.3$ GPa，$\mu_{12} = 0.28$，$\mu_{13} = 0.28$，$\mu_{23} = 0.28$

紧固件为 100 沉头钛合金螺栓，钛合金牌号 Tc4，螺栓弹模为 109 GPa，泊松比为 0.34。螺栓直径为 5.5 mm，孔径 $d = 5.52$ mm，端距 $e = 30$ mm，孔距 $s = 30$ mm，搭接长度 $L = 250$ mm，板宽为 30 mm，板厚 $t = 4$ mm。

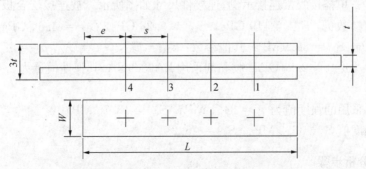

图 8-9　单列四排机械连接示意图

实验 9　单搭接胶接分析

9.1　实验目的

胶接连接是整体化复合材料结构的主要连接形式,而整体化复合材料结构是实现轻质、高效、低成本复合材料结构的重要途径。因此学会分析胶接结构的强刚度就显得非常重要了。

复合材料胶接接头的设计与制造是复合材料整体化结构实现中重中之重的事。借助胶黏剂将胶接零件连接成不可无损拆卸的整体,能保持零件中原有纤维的连续性,无需机械加工,不需钻孔也无因钻孔而带来的应力集中问题,因此其连接效率高、结构重量轻,对异形、异质、薄壁及复杂的零件连接尤其适合。

基于此本实验意在进一步培养胶接性能分析的能力。

9.2　实验内容

单搭接胶接性能分析。

9.3　单搭接胶接分析实践

9.3.1　问题描述

图 9-1 是一单搭接胶接连接示例,连接件尺寸如图所示。被连接层合板铺层为$[0]_{10T}$,铺层材料性能参数为:$E_{11} = 119\,\text{GPa}$,$E_{22} = 9.28\,\text{GPa}$,$G_{12} = 4.64\,\text{GPa}$,$\mu_{12} = 0.34$,$Y_T = 34.1\,\text{MPa}$,$S_{xy} = 88.9\,\text{MPa}$,其他参数:$E_{33} = E_{22}$,$G_{13} = G_{12}$,$\mu_{13} = \mu_{12}$,$\mu_{23} = 0.59$,$G_{23} = E_{22}/2(1+\mu_{23}) = 2.93\,\text{GPa}$。胶黏剂采用 EA9309NA,其弹性模量为2.45GPa,泊松比为 0.3。

复合材料采用的强度值为 $Y = 34.1\,\text{MPa}$,$S_{yz} = 18.75\,\text{MPa}$;
胶黏剂强度值 $S = 36.3\,\text{MPa}$,$S_{yz} = 25.25$。

9.3.2　分析步骤

1. 定义单元类型、材料特性

(1) 选取菜单元途径 Main Menu > Preprocessor > Element type > Add/Edit/Delete,弹

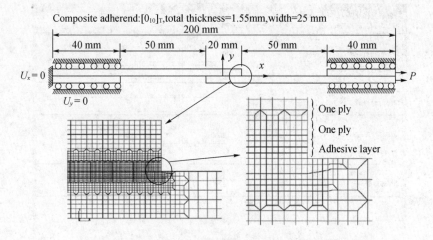

图 9-1　单搭接胶接连接示意图

出 Element Types 窗口。

（2）单击 Add，弹出 Library of Element Types 窗口，左边选择窗口选择 solid-shell，右边选择窗口选择 3D finite strain 190 单元，单击 Apply；选择 Structure solid 右侧栏中选择 Brick 8 node 185 单元，单击 OK。单击 Close 关闭对话框。

（3）Main Menu > Preprocessor > Material Props > Material Models，弹出 Define Material Model Behavior 窗口，选择右侧窗口中 Structural > Linear > Elastic > Orthotropic，弹出 Linear Orthotropic Properties for Material Number 1 窗口，依次输入各材料参数：EX =119e3，EY=9.28e3，EZ=9.28e3，PRXY=0.34，PRYZ=0.59，PRXZ=0.34，GXY= 4.64e3，GYZ=2.93e3，GXZ=4.64e3；单击 OK。

Define Material Model Behavior 窗口左上角 Material>New Model…，在弹出窗口中输入 2，单击 OK，在对应的右侧选择 Structural > Linear > Elastic > Isotropic，输入 EX = 2.45e3，PRXY=0.3。单击 OK。关闭定义材料特性窗口。

（4）定义失效强度：Main Menu > Preprocessor > Material Props > Failure Criteria > Add/Edit，弹出如图 9-2 所示窗口，按图示填写后点击 OK。

2. 定义截面参数

Main Menu > Preprocessor > Sections > Shell > Lay-up > Add/Edit，弹出 Create and Modify Sections 对话框，在 layup 一栏下单击 Add Layer 按钮增加铺层，总共单击 9 次即 10 个铺层，在 Thickness 下方表格中填入对应铺层厚度，因为每层厚度相同，所有全填写 0.155。在 Material ID 下方表格全填为 1，表示给各铺层赋予材料属性为 MATERIAL NUMBER 1，在 Orientation 下方输入对应铺层角度，从第一层到第十层全为 0°，单击 OK。

3. 建立几何模型

Main Menu>Preprocessor>Modeling>Create>Areas>Rectangle>By Dimensions，输入[(-10,10)；(-0.06,0.06)]单击 Apply，依次输入[-10,10；0.06,1.61]，[-100,10；0.06,1.61]，[-10,10；-0.06,-1.61]，[-10,100；-0.06,-1.61]，最后单击 OK。

Modeling>Operate>Extrude>Areas>Along Normal，在弹出的窗口的输入栏中输入 1，单击 OK，在新弹出的窗口的第二栏中填写 25，单击 OK；表示将面 1 沿 Z 轴方向拉伸

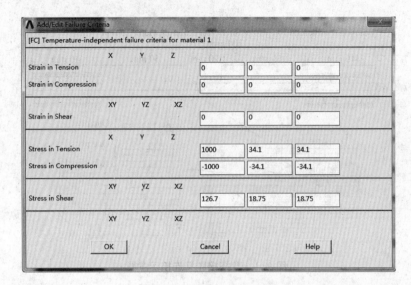

图 9-2　输入强度参数

25 mm形成长方体。按此步骤逐次将面 2、面 3、面 4、面 5、面 6 拉伸 25 mm 形成如图 9-3 所示几何体。

Main Menu>Preprocessor>Modeling>Operate>Booleans>Glue>Volumes,将上面板的两个长方体选中,单击 Apply;在选中下面板的两个长方体,单击 OK。

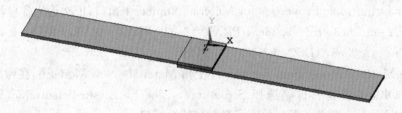

图 9-3　单搭接胶接连接的几何模型

4. 设置板的铺层方向(沿几何体最薄的边进行铺设)

Main Menu > Preprocessor > Meshing > Mesh Attributes > Volume Brick > Z in thin Direction,弹出拾取对话框,选择复合材料上板,单击 OK,又跳出一个窗口,该窗口选择默认的状态,单击 APPLY;再选取复合材料上面板的另一块板,单击 OK,同样在该跳出的窗口选择默认状态后单击 OK。

同理对下面板的两个长方体进行相同操作。

5. 划分网格

(1) Main menu > Preprocessor > Meshing > Mesh Tool,单击 Mesh Tool 窗口 Size Controls 栏下方 Lines 后的 Set 按钮,弹出拾取对话框,选取所有几何体上沿 Z 轴方向上的边,单击 OK,弹出控制单元尺寸的对话框,在 SIZE 后填 1,其他选默认状态,单击 Apply。

点选胶层和连接胶层的上下两个较小几何体上所有沿 X 轴方向的边,单击 OK,同样在弹出的窗口中的 SIZE 后填 0.6,其他为默认状态,单击 Apply。

点选左右两边较大的两个长方体上沿 X 轴方向的所有边,单击 OK,在 SIZE 后不填,在

LSIZE 后输入栏中填写 3,单击 Apply。

接着选取所有几何体沿 Y 轴方向(即厚度方向)上的所有边,单击 OK,在跳出的窗口中的 NDIV 后填入 1,单击 OK。

(2) 在 Mesh Tool 框口中单击 Element Attribute 下 Global 后面的 Set 按钮,在 TYPE 后面的下拉栏中选择 2 solid185,MAT 后面的下拉栏种选择 2,SECNUM 后选 No Section,其他为默认选项,单击 OK。

(3) 在 Mesh Tool 窗口的 Mesh 栏中选取 Volumes,Shape 后选中 Hex,Mapped,单击 Mesh 按钮,跳出拾取窗口,拾取几何体,单击 OK,完成对胶结层的单元网络划分。

(4) 接下来在 Mesh Tool 框口中单击 Element Attribute 下 Global 后面的 Set 按钮,在 TYPE 后面的下拉栏中选择 1 solsh190,MAT 后面的下拉栏种选择 1,SECNUM 后选 1, 其他为默认选项,单击 OK。

(5) 在 Mesh Tool 窗口的 Mesh 栏中选取 Volumes,Shape 后选中 Hex,Mapped,单击 Mesh 按钮,跳出拾取窗口,拾取几何体,单击 OK,完成复合材料的单元网络划分。

(6) Main Menu>Preprocessor>Numbering Ctrls>Merge Items,弹出如图 9-4 所示对话框,Label 后选择 All,其余选择默认状态,单击 OK。

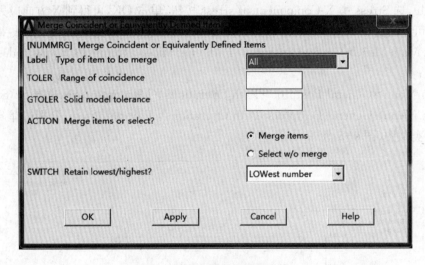

图 9-4　检查并整合重复节点

6. 加载求解

(1) Main menu>Solution>Analysis Type,点选 Static,单击 OK。

(2) Main menu>Solution>Sol'n Controls,单击左上角的 Basic,在 Time Control 一栏的 Number of substeps 后输入栏中填写 10,Frequency 下方的下拉栏中选取 Write every Nth substep,单击 OK。

(3) Utility Menu>Select>Entities,依次选取 Nodes,By Location,点选 X-coordinate 前的按钮,在输入栏中填写－100,单击 OK。

Main menu>Solution>Define Loads>Apply>Structural>Displacement>On Nodes, 弹出拾取对话框,单击 Pick all,在弹出的窗口第一栏选择 All DOF,在 VALUE 后输入 0, 单击 OK。

Utility Menu > Select > Everything。

（4）Utility Menu > Select > Entities，依次选取 Nodes，By Location，点选 X-coordinate 前的按钮，在输入栏中填写 100，单击 OK。

Main menu > Solution > Define Loads > Apply > Structural > Displacement > On Nodes，弹出拾取对话框，单击 Pick all，在弹出的窗口第一栏选择 UY，UZ，在 VALUE 后输入 0，单击 OK。

（5）Main menu > Solution > Define Loads > Apply > Structural > Force/Moment > On Nodes，弹出拾取对话框，单击 Pick all，在弹出的窗口第一栏的 Lab 后选择 FX，在 VALUE 后输入 300，单击 OK。

Utility Menu > Select > Everything。

（6）Main Menu > Solution > solve > Current LS，弹出信息提示框和对话框，浏览完毕关闭信息提示框 File > Close，单击对话框中的 OK 按钮，开始求解运算。当出现 Solution is done 信息框时，单击 Close，完成求解运算。

7. 后处理

（1）查看整体应力云图，Main Menu > General Postproc > Plot Results > Contour Plot > Nodal Solu，选 Stress 中 X-Component of stress 按钮，单击 OK，可得到 X 方向应力云图。

（2）可定义路径，查看胶层剥离应力、剪切应力随胶接位置的变化而变化的规律。

譬如 Main Menu > General Postproc > Path Operations > Define Path > By nodes，依节点定义路径；

Main Menu > General Postproc > Path Operations > Map onto path，选择 Sz，Sxy；

Main Menu > General Postproc > Path Operations > Plot path item，分别选择 Sz 和 Sxy 即可得到类似图（图 9-5、图 9-6）。

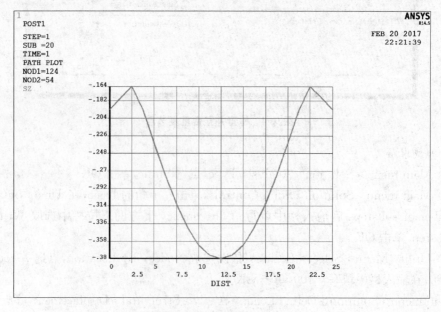

图 9-5　Sz 沿路径的分布图

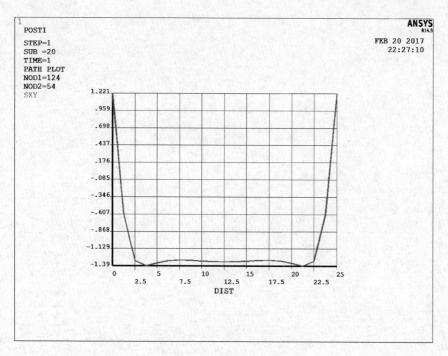

图 9-6 Sxy 沿路径的分布图

当然还可以深入地进行一些其他分析。

作 业

试将胶层沿厚度向分成 2 个单元,对此单搭接胶接连接进行再分析,并进行比较,完成分析报告。